VEGAN CHEESE

유제품을 사용하지 않는

비건 치즈

mariko 지음 · **임지인** 옮김

보누스

Celery
$2.50 EACH
OR
3 for $5

프롤로그

로스앤젤레스에서 사랑받는 건강한 치즈

안녕하세요. 로스앤젤레스에서 로푸드·플랜트 베이스드 셰프로 일하고 있는 mariko입니다. 로스앤젤레스는 비건을 비롯해 플랜트 베이스드 푸드와 로푸드, 글루텐 프리, 오가닉 분야의 발전이 세계에서 가장 앞서는 도시입니다. 트렌디한 음식 재료와 요리, 조리법이 창의성을 자극하는 곳이지요.

비건 치즈는 유제품을 사용하지 않은 순 식물성 치즈를 말합니다. 하루가 다르게 비건 푸드가 발달하고 있는 로스앤젤레스에서는 건강식품점에 가면 다양한 종류의 비건 치즈가 빽빽하게 진열되어 있습니다. 사람들은 건강한 라이프 스타일에 관심이 많고 비건 푸드, 비건 치즈를 즐겨 먹습니다.

제가 로푸드 셰프 스쿨에서 수업을 맡고 있을 때, 비건 치즈 만들기는 특히 인기가 많아 일부러 먼 곳에서, 때로는 바다를 건너면서까지 찾아와주시는 분들이 많았습니다.

EATPLAY

사실 제 첫 번째 직업은 메이크업 아티스트입니다. 할리우드에서 일하던 중, 진정한 아름다움은 스킨케어나 메이크업을 넘어 건강한 식습관에서 나온다는 걸 깨닫고 요리의 길로 들어서게 되었습니다. 피부도 우리 몸의 일부입니다. 아무리 고가의 명품 크림을 바른다 한들, 균형 잡힌 건강한 식생활로 얻는 아름다움을 이길 수 있을까요? 밥이 보약이라는 말처럼, 아름다움의 비법 역시 잘 먹는 데 있다고 생각합니다.

비건 치즈는 매력이 참 많지만 피부에도 무척 좋습니다. 두부나 두유, 캐슈너트와 아몬드, 파프리카 등 피부 건강과 노화 방지에 좋은 재료를 듬뿍 사용하기 때문에 미용을 위해 일반 치즈 대신 비건 치즈를 찾는 셀럽들도 늘고 있다고 합니다. 여러분도 비건 치즈와 함께 건강한 식습관을 시작해보세요. 피부 건강은 덤이랍니다.

이 책에는 '로스앤젤레스의 비건 치즈를 주변에서 쉽게 구할 수 있는 재료로 만들 수 없을까' 하는 마음으로 거듭된 시행착오 끝에 완성한 레시피가 담겨 있습니다. 가장 쉽고 간단한 방법을 사용했어요. 그중에서도 두부나 두유로 만드는 치즈는 두부나 두유 맛이 느껴지지 않게끔 만든 야심작입니다. 이 레시피에 먼저 도전해보고, 발효하지 않는 다른 비건 치즈, 발효하는 비건 치즈 순서로 만들어보길 권해드립니다. 특히 발효하는 비건 치즈에 가득한 식물성 유산균은 동물성 유산균보다 위산에 강해서 장은 물론 피부에도 좋답니다.

SMITH FARMS

F A V O R I T E   K I T C H E N   I T E M S

1. 다양한 디자인의 계량컵 세트. 귀여운 계량컵이나 스푼이 있으면 그냥 지나치질 못해요. 2. 과일용 세라믹 바구니는 과일을 씻을 때 사용했다가 그대로 그릇째 식탁에 올릴 수도 있어 활용도가 높은 아이템이에요. 3. 법랑 제품은 오래전부터 애용하고 있어요. 크로우캐년홈(Crow Canyon Home)의 제품은 캘리포니아주의 엄격한 중금속 규제도 통과했지요. 4. 찻잔 모양의 계량컵은 영국의 요리연구가 니겔라 로슨이 런칭한 브랜드예요.

Photo by MARIKO

5. 파이어킹의 스월 시리즈를 모으던 시절에 산 제다이 계량컵(복각판)이에요. 6. 10년 전에 모은 글로리아 콘셉트의 양념통은 빈티지 아이템인데요, 쓸수록 정이 가요. 7. 스타우브의 주물 법랑 냄비는 오래도록 애용하고 있는데, 튼튼해서 아직도 새것처럼 보인다는 게 장점이에요. 8. 미국 볼(Ball)사의 메이슨자는 1884년부터 생산된 역사가 있는 밀폐 유리병 브랜드예요. 우리 집 필수품이라, 다양한 사이즈와 컬러를 갖고 있어요.

차례

발효하지 않는 비건 치즈

발효하는 비건 치즈

비건 재료

일러두기

- 본문 중 [ ]는 옮긴이 주입니다.
- 참깨 페이스트는 원서의 '네리고마'를 번역한 것으로, 볶은 참깨를 곱게 간 것을 말합니다.
- 백된장은 일본식 백색 된장인 '시로미소'를 번역한 것입니다.
- 재료에서 두부의 양은 물기를 빼기 전을 기준으로 합니다.

비건이란?

요즘 SNS에서는 베지테리언·비건·플랜트 베이스드·글루텐 프리 등 다양한 외래어를 찾아볼 수 있습니다. 각 단어의 뜻을 간단하게 알아보겠습니다.

베지테리언 Vegetarian	육류와 생선은 먹지 않지만, 유제품과 달걀은 먹는 채식인. 생선을 먹는 페스코베지테리언도 있습니다.
비건 Vegan	육류, 생선, 유제품, 달걀, 꿀 등 동물 유래 식품을 먹지 않는 순수 채식인. 음식뿐만 아니라 일상생활에서도 동물성 제품을 소비하지 않습니다.
플랜트 베이스드(다이어트) Plant-Based(Diet)	순 식물성 식생활, 식사법, 식품을 의미합니다. 비건과 거의 비슷한 뜻 같지만, 라이프 스타일까지 꼭 순 식물성을 따르는 것은 아니라는 점에서 비건과는 구분되는 표현입니다.
글루텐 프리 Gluten-Free	밀, 보리, 호밀 등 곡물의 단백질에서 생성되는 글루텐을 포함하지 않았다는 뜻입니다. 글루텐을 포함하지 않은 식품이나 글루텐을 섭취하지 않는 식사법을 말합니다.
로푸드 Raw Food	생식을 뜻합니다. 자연의 식재료를 가열하지 않고 섭취하거나 또는 가열한다고 하더라도 48℃ 이하로 조리하여 살아 있는 효소를 그대로 섭취하는 식사법과 식품을 가리킵니다. 로비건(로푸드와 비건을 합친 말)은 로푸드와 거의 동의어지만, 로푸디스트(Raw Foodist) 중에는 동물성 식품을 먹는 사람도 있습니다. 이 책에서는 로푸드=로비건으로 정의하고 있습니다.

비건 치즈란?

동물성 재료를 배제하고 만든 순 식물성 치즈를 말합니다.

유제품을 사용하지 않는 대신, 견과류로 크리미한 베이스를 만든 뒤 양념을 더해 치즈와 비슷한 맛을 냅니다. 필요에 따라서는 굳히는 과정을 통해 질감을 조절하기도 합니다. 비건 치즈는 이런 방식으로 기존의 다양한 치즈를 재현해냅니다. 신맛과 짠맛, 향신료를 더해 치즈와 비슷한 맛을 내는 비건 치즈부터 발효를 이용해 본래의 치즈 맛에 더욱 가까워진 비건 치즈까지, 다양한 비건 치즈를 직접 만들 수 있습니다.

비건 치즈를 만들어 먹어보고 싶던 사람부터 일반 치즈가 입에 잘 맞지 않는 사람, 치즈에 알레르기가 있는 사람까지, 모두가 비건 치즈를 통해 치즈를 맛있게 즐길 수 있다면 좋겠습니다.

비건 치즈 만들기

비건 치즈는 발효하지 않고 만드는 비건 치즈와 발효해서 만드는 비건 치즈로 나눌 수 있습니다.

발효하지 않는 비건 치즈

발효하지 않는 비건 치즈는 두부나 두유, 견과류와 씨앗, 채소 등의 재료를 믹서나 푸드 프로세서로 갈아 치즈베이스를 만들고 간단한 양념을 더해 치즈와 비슷한 맛으로 완성합니다. 찹쌀가루를 넣어 질감을 조절하거나 무향 코코넛 오일을 넣어 굳히면 치즈와 좀 더 비슷한 질감을 낼 수 있습니다. 발효하는 번거로움도 없어서 모든 레시피를 짧은 시간 안에 간단히 만들 수 있습니다.

발효하는 비건 치즈

발효하는 비건 치즈는 물에 불린 견과류와 발효 스타터인 발효식품을 믹서에 갈아 견과류 치즈 베이스를 만들고, 이를 약 12시간 ~1일 동안 발효한 뒤 양념을 해서 치즈의 맛을 냅니다. 무향 코코넛 오일이나 한천젤을 더해 굳힌 고형 치즈도 함께 만들어보겠습니다. 발효하는 데 시간은 걸리지만 과정 자체는 복잡하지 않습니다. 발효하지 않는 비건 치즈와 달리, 발효되면서 산미와 감칠맛이 생기므로 맛에 깊이가 더해지지요. 또한 한천젤로 굳히지 않았을 때는 가열하지 않기 때문에 발효식품 그대로의 유산균을 섭취할 수 있습니다.

비건 치즈 굳히는 법

치즈베이스에 양념만 한 단계에서는 아직 페이스트 상태이므로 단단한 비건 치즈로 재현해내기 위해서는 굳힐 필요가 있습니다. 비건 치즈를 굳히는 방법은 여러 가지 있지만, 이 책에서는 아래에 소개할 두 가지 간단한 방법을 주로 사용합니다.

무향 코코넛 오일로 굳히기

온도가 24℃ 아래로 내려가면 무향 코코넛 오일이 고체로 굳어지는 성질을 이용합니다. 녹인 무향 코코넛 오일을 치즈베이스에 넣어 틀에 붓고 냉장실에서 차게 굳힙니다.

무향 코코넛 오일로 굳힌 비건 치즈의 특징

무향 코코넛 오일의 녹는점이 낮기 때문에 실온에 오래 두면 치즈가 녹고 물렁물렁해집니다.

한천젤로 굳히기

물과 한천 가루를 데워서 만든 한천젤을 곧바로 치즈베이스에 넣어 틀에 붓고, 냉장실에서 차게 굳힙니다.

한천젤로 굳힌 비건 치즈의 특징

냉장 보관을 권하지만, 무향 코코넛 오일로 굳힌 비건 치즈와 달리 상온에서 녹을 걱정이 없습니다.

* 레시피에 있는 한천 가루는 굳히기 위해서가 아니라 질감을 조절하기 위해 사용합니다.

두부 물기 빼는 법

두부의 수분을 최대한 제거하기 위해 물기를 빼라는 문구가 책 속에서 자주 등장하는데요, 그 과정을 소개하겠습니다.

—

1 도마나 수반(넓적한 사각형 그릇)에 키친타월로 감싼 두부를 얹고, 그 위에 평평한 접시나 도마를 올립니다.

2 누름돌을 얹어서 30분~1시간 정도 물기를 뺍니다. 두부 모양이 흐무러지지 않을 만큼 적당한 무게의 누름돌을 사용해주세요.

체에 내리는 법

치즈 소스나 견과류 치즈베이스를 완전히 매끄럽게 갈 수 없을 때는 체에 내려 매끄럽게 만들 수 있습니다.

—

발효하지 않는 비건 치즈
완성된 나초 치즈, 치즈 소스, 논오일 베지 치즈 소스를 체에 내립니다.

발효하는 비건 치즈
20쪽의 step3에서 견과류 치즈베이스를 믹서로 곱게 간 후 체를 얹고, 그 위에서 으깨듯 곱게 내립니다.

Basic EQUIPMENT & TOOLS

이 책에서 사용하는 도구

What's in mariko's Kitchen?

유리병
발효 과정과 완성된 발효 식품의 보관에 쓰인다. 입구가 넓은 게 좋다.

오프셋 스패출러
틀에 넣은 비건 치즈나 치즈케이크의 표면을 평평하게 다듬을 때 쓴다.

유산지
발효하는 비건 치즈의 성형과 응용 레시피에서 필요하다.

계량스푼, 계량컵
1큰술부터 $\frac{1}{4}$작은술까지 다 있는 계량스푼이 쓰기 편하다.

푸드 프로세서
수분이 적어 믹서로는 곱게 갈기 어려운 재료를 갈 때 사용한다.

유리 볼
발효하는 비건 치즈에는 내열성 유리볼을 사용한다.

주방 저울
아날로그여도, 디지털이어도 OK.

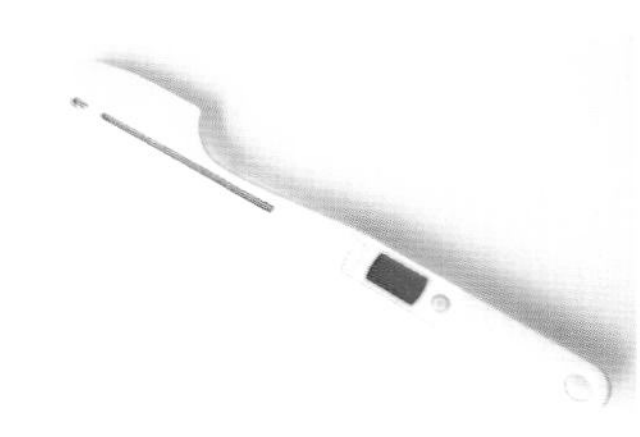

온도계
두유 온도를 조절할 때 쓴다.

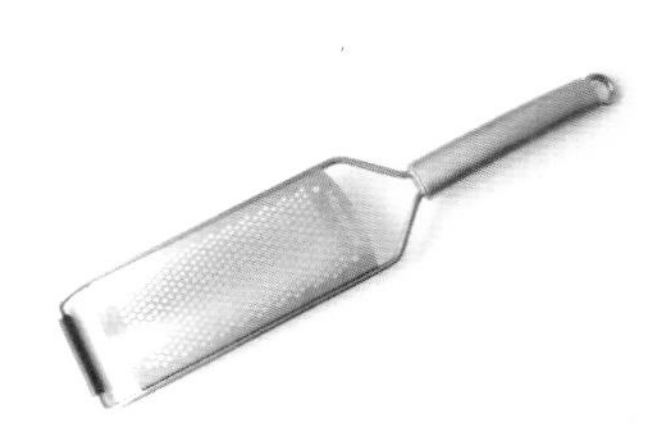

제스터
레몬 등의 껍질을 갈 때 쓴다.

믹서
수분이 많은 재료를 곱게 갈 때 쓴다.

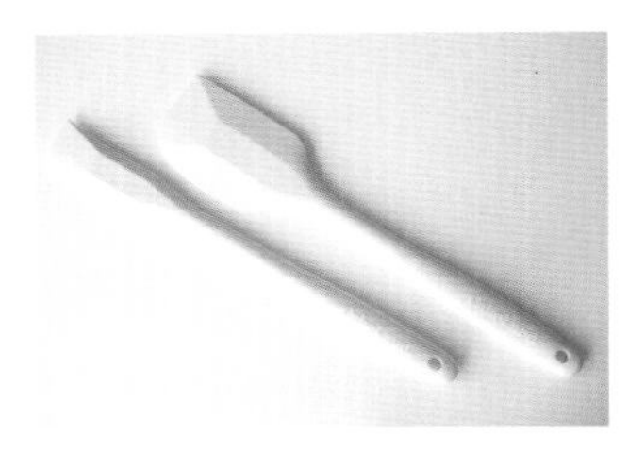

주걱
재료를 섞을 때 쓴다. 위생적인 일체형 실리콘 주걱을 추천한다.

체
견과류의 물기를 제거할 때, 치즈를 발효할 때 쓴다.

틀
치즈를 채워 넣는 틀.

치즈 클로스(요리용 거즈)
발효하는 비건 치즈를 만들 때 주로 쓴다.

Basic INGREDIENTS

이 책에서 사용하는 재료

견과류 외에도 두부, 두유 등을 써서 치즈를 만듭니다.

치즈의 베이스가 되는 재료

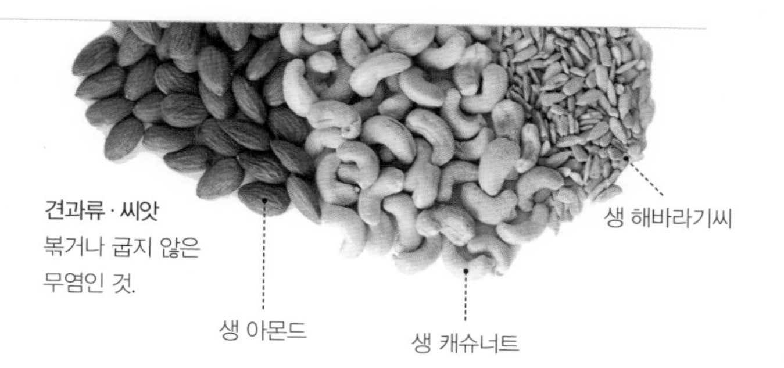

견과류 · 씨앗
볶거나 굽지 않은 무염인 것.

두부
주로 단단한 부침 · 찌개용 두부를 쓰지만, 모차렐라 소금 두부에서는 부드러운 두부(연두부)를 쓴다.

두유
조미료나 첨가물이 들어가지 않은 무첨가 두유를 쓴다.

양념을 만드는 재료

뉴트리셔널 이스트
당밀에서 배양한 불활성 이스트로, 비타민 B군이 풍부하게 들어 있으며 치즈와 유사한 맛이 나서 비건 치즈를 만들 때 자주 쓰인다. 베이킹에 사용하는 인스턴트 드라이 이스트와는 다른 것으로, 서로 대체해서 쓸 수 없다.

소금
정제하지 않은 천일염을 쓰는 것이 좋다.

미소된장
백색, 적갈색, 둘을 섞은 것이 있다.

향신료
강황 가루, 파프리카 가루, 고춧가루 등이 있다.

엑스트라 버진 올리브유
올리브유가 들어간 모든 레시피는 엑스트라 버진을 사용한다.

허브
파슬리, 타임, 로즈메리, 오레가노 등이 있다. 말린 허브도 사용한다.

그 밖에
- 사과 식초
- 레몬즙
- 참깨 페이스트

치즈를 굳히는 재료

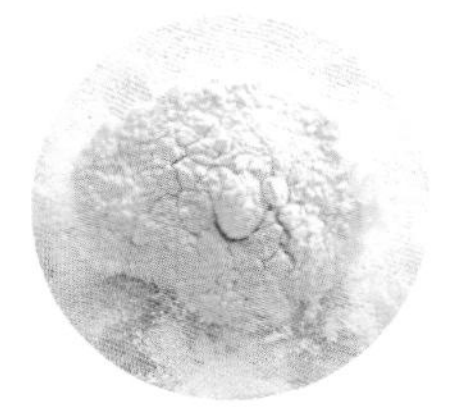

찹쌀가루
비건 치즈의 질감을 조절할 때 쓴다.

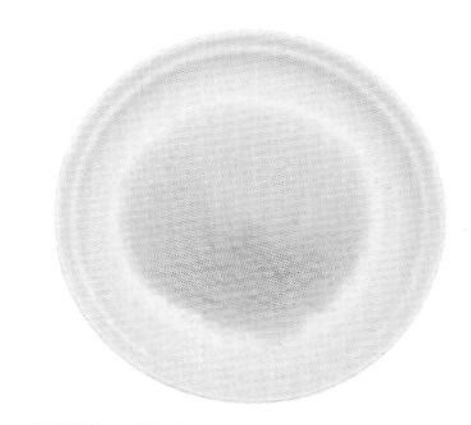

한천 가루
발효하는 비건 치즈를 굳히거나 질감을 조절할 때 쓴다.

무향 코코넛 오일
비건 치즈에는 코코넛 오일의 맛과 향이 잘 어울리지 않는다. 꼭 맛과 향이 없는 코코넛 오일을 쓴다. 굳었을 때는 뜨거운 물로 중탕하여 녹인 뒤에 계량한다.

* 생 견과류, 뉴트리셔널 이스트, 히말라야 블랙솔트, 스모크 리퀴드, 코코넛칩 등 가까운 마트에서 구할 수 없는 재료는 인터넷에서 구할 수 있습니다.

Basic FERMENTATION

비건 치즈 발효의 기본

한번 외워두면 간단한 발효 과정, 어렵지 않으니 꼭 도전해보세요.

step1 견과류 불리기(또는 삶기)

레시피의 분량대로 견과류를 불립니다. 정수된 물로 불리는 것이 좋습니다. 캐슈너트는 2~4시간, 아몬드는 하룻밤 정도 불립니다.

여름철에는 냉장실에 넣어서 불립니다. 불린 견과류는 체에 담아 잘 씻고 물기를 제거합니다.

시간이 없을 때는 작은 냄비에 넣어 15분간 삶아도 됩니다. 체에 담아 차가운 물로 잘 씻어서 식혀주세요.

* 견과류를 불렸는데 당일에 치즈를 만들 수 없는 경우, 냉장실에서 보관하되 하루에 최소 한 번은 물을 갈아주고 3일 안에 꼭 사용해주세요.

step2 아몬드 껍질 벗기기

아몬드를 사용한 비건 치즈를 만들 때 아몬드 껍질을 벗겨두지 않으면 치즈에 껍질 가루가 남게 됩니다. 껍질이 없는 깨끗한 치즈로 완성하기 위해 아몬드의 껍질을 벗깁니다.

step1에서 아몬드를 하룻밤 물에다 불린 경우는 그대로 껍질을 벗겨봅니다. 잘 벗겨지지 않으면 뜨거운 물에 15분 담갔다가 물기를 제거하고 껍질을 벗깁니다. 아몬드를 물에 불리는 대신 삶았을 경우는 그대로 껍질을 벗기면 됩니다.

step3 견과류 치즈베이스 만들기

물에 불린 견과류, 레시피에서 사용하는 발효 스타터(소금누룩 96쪽, 현미 리쥬베락 98쪽, 사워크라우트 브라인 100쪽), 정수(또는 미네랄워터)를 믹서에 넣고 매끄러워질 때까지 곱게 갑니다. 덜 매끄러운 듯하면 물을 아주 조금씩 더해가며 갈아주세요.

* 17쪽처럼 체를 엎어 으깨듯 곱게 내리면 더욱 매끄럽게 완성됩니다.

요리 도구와 조리 환경이 깨끗하도록 신경 써야 해요!

step4 치즈베이스 보따리 묶기

치즈 클로스(또는 요리용 거즈)를 약 30cm 길이로 잘라 펼친 후 반으로 접습니다. 손잡이가 달린 체와 체보다 조금 더 큰 볼을 준비하고 볼 위에 체를 올립니다. 체 안에 치즈 클로스를 깔고 그 위에 견과류 치즈베이스를 담습니다. 치즈 클로스의 네 가장자리를 잡아 가장 긴 가장자리를 사용해 전체를 꼭 짜고, 보따리처럼 묶습니다. 매듭 쪽에서 견과류 치즈베이스가 새지 않는지 확인합니다. 가능하다면 나일론 그물망이나 플라스틱 체를 사용해주세요.

step5 누름돌을 올려 발효하기

견과류 치즈베이스 보따리 위에 작은 접시를 얹고 통조림과 같이 누름돌이 될 만한 것을 올립니다. 치즈 클로스의 그물망 사이로 견과류 치즈베이스가 삐져나온다면 조금 더 가벼운 누름돌로 바꿔줍니다.

위에 청결한 면 행주를 덮어 직사광선이 닿지 않는 장소에 두고 레시피 속 시간대로 상온에서 발효합니다. 여름철은 곰팡이가 피기 쉬우므로 발효 상태를 자주 확인해주세요.

step6 발효 상태 확인하기

레시피 속 시간대로 발효한 뒤 발효 상태를 확인합니다. 면 행주 겉면과 견과류 치즈베이스에 곰팡이가 피지 않았는지 꼼꼼히 확인합니다. 그다음 냄새와 맛을 확인해 은은한 산미가 감도는 냄새와 맛인지 체크합니다.

곰팡이가 피었거나, 악취가 나거나 맛이 이상한 경우에는 버리고 step1부터 다시 만듭니다.

* 맛을 봤을 때 산미가 강하다면 높은 기온 등의 이유로 과발효된 것입니다. 양념 단계에서 레몬즙 양을 조절해주세요.

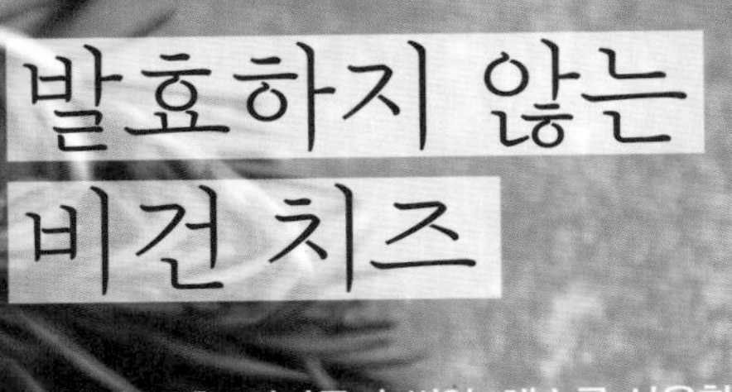

두부나 두유, 견과류나 씨앗, 채소를 사용한
발효하지 않는 비건 치즈를 소개합니다.
발효하지 않아서 대부분의 레시피를
짧은 시간 안에 손쉽게 만들 수 있어요.
발효하지 않는 비건 치즈를 활용한
응용 레시피도 꼭 도전해보세요.

NON-FERMENTED VEGAN CHEESE

recipe for

CHEESE

두부로 만드는

모차렐라 소금 두부

보관 기간 : 냉장실에서 3 일까지 글루텐 프리 비건

재료 [약 360g]

부드러운 두부(연두부) 400g
소금 1작은술

토핑
올리브유 적당량
후추 약간

1 두부의 물기를 키친타월로 닦아내고, 소금을 꼼꼼히 문질러 바른다.

2 두부를 키친타월로 감싸 보관 용기에 넣고 냉장실에서 12시간 동안 재운다. 두부에서 물이 나오면 물을 버리고 새 키친타월로 바꾼다.

3 12시간 동안 재운 두부를 가볍게 물로 씻고, 키친타월로 물기를 잘 닦아낸다.

4 원하는 크기로 잘라 올리브유를 듬뿍 두르고, 후추를 뿌린다.

- 부침·찌개용 두부가 모차렐라 질감에 더 가깝게 완성되지만, 첫 입에 두부 맛이 강하게 날 수 있다. 바질이나 다진 파 등 서양식 고명이나 한식 고명 모두와 잘 어울린다.

두부에 소금을 바르고 하룻밤 재우기만
하면 끝! 간단하게 즐기는 술안주로 참
제격입니다. 자꾸만 손이 갈 거예요.

recipe for

CHEESE

두부로 만드는

두부 된장절임 치즈

보관 기간 : 냉장실에서 1주일까지 **글루텐 프리** **비건**

재료 [약 320g]

부침/찌개용 두부 400g
(물기를 빼둔다. 17쪽 참조)

양념
된장 200g
청주 1큰술
맛술 1큰술

1 두부에 양념을 꼼꼼히 바르고 밀폐 용기에 넣어 냉장실에서 12시간~1일 동안 재운다.

2 원하는 상태로 발효되면 양념을 닦아내고 먹기 좋게 조각으로 자른다.

- 남은 된장은 다른 요리에 다시 활용해도 맛있다.

두부를 된장에 절이면 믿기지 않을 정도로 농후한 치즈 맛이 난답니다. 군것질 거리로도, 안주나 밥반찬으로도 좋습니다.

recipe for

CHEESE

두부로 만드는

허브를 넣은 페타 치즈

보관 기간 : 냉장실에서 1주일까지

글루텐 프리 비건

바질과 오레가노 향이 배어든
페타 치즈는 그대로 먹어도,
호리아티키 살라타(32쪽)에
곁들여도 맛있습니다.
올리브유를 듬뿍 뿌려 드셔보세요.

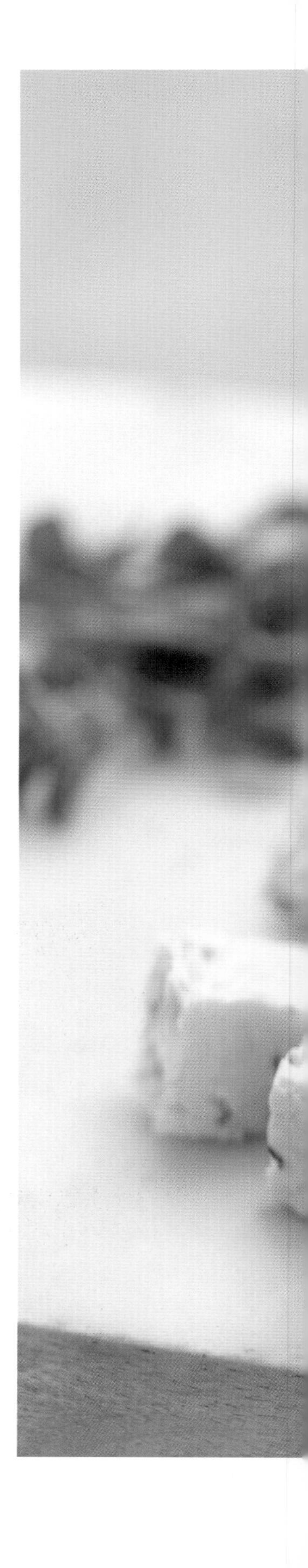

1

2

3

recipe for

CHEESE

허브를 넣은 페타 치즈

재료 [약 240g]

A
- 부침/찌개용 두부 200g (물기를 빼둔다. 17쪽 참조)
- 마늘 $\frac{1}{2}$쪽(싹을 도려내고 잘게 썬다.)
- 무향 코코넛 오일 4큰술(뜨거운 물로 녹인다.)
- 올리브유 1큰술
- 레몬즙 1과 $\frac{1}{2}$작은술
- 사과 식초 1과 $\frac{1}{2}$작은술

A
- 백된장 1작은술
- 소금 $\frac{1}{2}$작은술보다 적게

B
- 말린 바질 $\frac{1}{2}$작은술
- 말린 오레가노 $\frac{1}{4}$작은술

마무리
- 올리브유 적당량

1 푸드 프로세서에 A를 넣어 매끄러워질 때까지 곱게 간다.

2 B를 넣어 전체가 고루 섞일 때까지 몇 회 짧게 끊어가며 곱게 간다.

3 보관 용기(수반. 넓적한 사각형 그릇) 위에 랩을 깔고 그 위에 2를 얹는다. 스패츌러나 주걱 등을 사용해서 두께 2cm가 되게끔 성형한 후 랩으로 감싼다.

4 냉장실에 보관 용기를 넣어 하룻밤 차게 굳힌다.

5 실온에 오래 놔두면 물렁해지므로 먹기 직전에 냉장실에서 꺼낸다. 사방 2cm 크기로 썰거나 잘게 찢고 올리브유를 빙 두른다.

- 푸드 프로세서 대신 절구를 사용해도 된다.
스테인리스로 된 사각형 굳힘틀이 있으면 3에서 바로 틀에 넣고 표면만 평평하게 펼치면 되기에 간단하게 성형할 수 있다.
레몬의 산미 강도는 품종과 산지 등에 따라 다르므로 취향에 따라 레몬즙의 분량을 조절한다.

호리아티키 살라타
(그리스 샐러드)

사용한 치즈 허브를 넣은 페타 치즈 | 글루텐 프리 | 비건

재료 [4인분]

토마토 3개(적당한 크기로 썬다.)
오이 2개(반달 모양으로 썬다.)
파프리카 $\frac{1}{2}$개(큼직하게 깍둑썬다.)
적양파 $\frac{1}{4}$개(채썬다.)

A | 레몬즙 2큰술
올리브유 2큰술
말린 오레가노 $\frac{1}{4}$작은술

B | 올리브 15개
케이퍼 1큰술(선택)

소금 한 꼬집
후추 약간
허브를 넣은 페타 치즈(28쪽) 레시피 1개 분량
올리브유 적당량

1 볼에 토마토, 오이, 파프리카, 적양파를 담고 A와 소금, 후추를 넣어 섞는다.

2 약간 깊이가 있는 그릇에 담고 B를 뿌린다.

3 페타 치즈를 큼직하게 찢어서 샐러드에 얹고 올리브유를 빙 두른다.

페타 치즈를 잔뜩 올려서 먹는 신선하고
심플한 그리스의 시골풍 샐러드.

recipe for

CHEESE

두부로 만드는

선드라이 토마토 바질 크림치즈

보관 기간 : 냉장실에서 1주일까지 **글루텐 프리** **비건**

재료 [약 260g]

부침/찌개용 두부 200g (물기를 빼둔다. 17쪽 참조)
선드라이 토마토 25g (적당한 크기로 잘게 썬다.)
마늘 $\frac{1}{2}$쪽 (싹을 도려내고 잘게 썬다.)
바질 잎 5g (잘게 썬다.)
무향 코코넛 오일 4큰술(뜨거운 물로 녹인다.)
레몬즙 1작은술
백된장 1작은술
소금 적당량(필요하다면)

1 푸드 프로세서에 바질을 제외한 모든 재료를 넣고 매끄러워질 때까지 곱게 간다.

2 바질을 넣고 전체가 고루 섞일 때까지 몇 회 짧게 끊어가며 곱게 간다.

3 랩을 깔아둔 보관 용기에 2를 담고 표면을 평평하게 다듬는다. 뚜껑을 덮어 냉장실에서 하룻밤 차게 굳힌다.

4 실온에 오래 놔두면 물렁해지므로 먹기 직전에 냉장실에서 꺼낸다.

- 푸드 프로세서 대신 절구를 사용해도 된다.
원하는 치즈 모양에 맞춰 보관 용기를 고른다.
바닥이 분리되는 자그마한 케이크 틀이나 세르클[윗면과 바닥면이 뚫려 있는 띠 모양의 틀로, 주로 타르트지를 구울 때 사용한다.] 등을 사용하면 편하다. 세르클을 사용할 경우 접시 위에 유산지를 깔고 그 위에 세르클을 올려 치즈를 넣은 후 치즈가 굳으면 틀에서 꺼낸다.

선드라이 토마토와 바질의 조합
이 환상적인 이탈리안 크림치즈.
크래커나 빵에 발라 드셔보세요.

recipe for

CHEESE

두부로 만드는

부르생 치즈

보관 기간 : 냉장실에서 1주일까지 **글루텐 프리** **비건**

재료 [약 250g]

부침/찌개용 두부 200g(물기를 빼둔다. 17쪽 참조)
마늘 2쪽(10g, 싹을 도려내고 잘게 썬다.)
무향 코코넛 오일 4큰술(뜨거운 물로 녹인다.)
레몬즙 1큰술
소금 $\frac{1}{2}$작은술

A | 파슬리 $\frac{1}{2}$큰술(잘게 썬다.)
쪽파 $\frac{1}{2}$큰술(잘게 썬다.)

1 푸드 프로세서에 A를 제외한 모든 재료를 넣고 매끄러워질 때까지 곱게 간다.

2 A를 넣고 전체가 고루 섞일 때까지 몇 회 짧게 끊어가며 곱게 간다.

3 랩이나 치즈 클로스를 깔아둔 보관 용기에 담고 표면을 평평하게 다듬는다. 뚜껑을 덮어 냉장실에서 하룻밤 차게 굳힌다.

4 치즈 클로스를 사용한 경우에는 벗겨내고, 보관 용기에 넣어 냉장실에 보관한다. 실온에 오래 놔두면 물렁해지므로 먹기 직전에 냉장실에서 꺼낸다.

- 푸드 프로세서 대신 절구를 사용해도 된다.
원하는 치즈 모양에 맞춰 보관 용기를 고른다.

마늘과 신선한 허브가 어우러진 프랑스의 부르생 치즈. 맵싸한 맛이 있어 마늘을 좋아하는 분들은 절로 신이 날 거예요.

레인보우 샐러드

사용한 치즈 부르생 치즈 | 글루텐 프리 | 비건

재료 [4인분]

양상추 1통(약 300g)
방울토마토 100g(반으로 썬다.)
자색 양배추 $\frac{1}{4}$개(적당한 크기로 잘게 썬다.)
당근 $\frac{1}{2}$~1개(채썬다.)
오이 1개(부채꼴 모양으로 썬다.)
아보카도 1개(깍둑썬다.)
부르생 치즈 적당량(36쪽, 으깬다.)
두부 스크램블드에그(150쪽) 레시피 $\frac{1}{2}$개 분량

드레싱

올리브유 60ml
레드와인 식초 2큰술
메이플시럽 1과 $\frac{1}{2}$큰술
머스터드 1작은술
소금 $\frac{3}{4}$작은술
후추 약간

1 양상추를 한입 크기로 썰고, 샐러드 볼에 담는다.

2 나머지 재료를 순서대로 얹는다.

3 드레싱 재료를 잘 섞는다.

4 먹기 직전에 드레싱을 뿌린다.

• 바로 먹지 않을 경우 아보카도에 레몬즙을 뿌려 변색을 막는다.

알록달록한 채소가 가득 담긴 한 끼 샐러드. 일곱 가지 무지개색이 홈파티를 즐겁게 북돋아 줍니다.

recipe for

CHEESE

두유로 만드는

리코타 치즈

보관 기간 : 냉장실에서 1주일까지

글루텐 프리 비건

데운 두유에 산(레몬즙)을 넣고, 분리해 거르기만 하면
아주 간단하게 두유 리코타 치즈가 완성됩니다.
리코타 치즈나 코티지 치즈 대용으로 요리에 활용해보세요.

1
2
4
5
6

recipe for

CHEESE

리코타 치즈

재료 [약 380g]

무첨가 두유 1L

레몬즙 60ml

소금 $\frac{1}{4}$작은술

1 냄비에 두유를 붓고 중불에 올려 눌어붙지 않게 주걱으로 저어주면서 데운다. 두유 온도가 60℃가 되면 불을 끈다.

2 레몬즙을 넣어 몇 회 가볍게 섞은 후 15분간 그대로 두면 두유가 분리되면서 순두부처럼 굳는다.

3 볼 위에 체를 올리고 두 겹으로 접은 치즈 클로스를 깐 후 **2**를 천천히 붓는다.

4 치즈 클로스 양 끝을 잡고 가볍게 비틀어 리코타 치즈가 빠지지 않게 모양을 정돈한다. 사진 **4**처럼 치즈가 굳을 때까지 30분~1시간 정도 기다린다.

5 분리된 유장(옅은 노란색 액체)을 뺀다.

6 물기를 다 뺐다면 치즈 클로스를 양손으로 가볍게 짠다.

7 완성된 치즈를 볼에 옮겨 담고 소금을 넣어 간을 맞춘다. 보관 용기에 넣고 냉장실에 보관한다.

- 레몬즙 대신 사과 식초 3큰술을 사용해도 된다. 남은 유장은 수프나 스튜, 카레 등의 요리에 물 대신 사용해도 된다.

순무로 만든 라비올리

사용한 치즈 리코타 치즈, 파르메산 치즈 | 글루텐 프리 | 비건

재료 [4인분]

순무 3~4개(중간 크기)
올리브유 적당량
소금 한 꼬집

A
리코타 치즈(40쪽) 레시피 1개 분량
파슬리 2작은술(잘게 썬다.)
뉴트리셔널 이스트 2작은술
레몬 제스트(레몬 1개 분량)
레몬즙 1과 $\frac{1}{2}$작은술
소금 $\frac{1}{4}$작은술
후추 약간

마무리
올리브유 적당량
파르메산 치즈(74쪽) 적당량
파슬리 약간(잘게 썬다.)
굵게 간 흑후추 약간

1 순무는 껍질을 벗기지 않은 상태에서 채칼을 이용해 1mm 두께로 슬라이스하고 볼에 담는다. 올리브유를 빙 두르고 소금을 한 꼬집 뿌려 잘 섞은 후 숨이 죽을 때까지 몇 분간 그대로 둔다.

2 다른 볼에 A를 넣어 고루 섞는다.

3 순무가 숨이 죽으면 수분을 가볍게 닦아내고 만들 양만큼 접시에 올린다.

4 순무 중앙에 숟가락으로 2를 적당량 올리고 그 위에 순무를 한 장씩 덮어 가볍게 누른다.

5 완성한 라비올리에 올리브유를 두른다. 파르메산 치즈와 파슬리를 흩뿌리고 굵게 간 흑후추를 뿌린다.

- 라비올리 하나당 순무 슬라이스가 두 장 필요한 것을 감안해 만들 전체 양을 미리 정해두면 좋다.

파티에서 이목을 끌 수 있는 세련된 전채 요리. 라비올리 피 대신 슬라이스한 순무를 사용했어요. 글루텐 프리라 기쁨이 배가되는 메뉴입니다.

리코타 베리 타르트

사용한 치즈 리코타 치즈 글루텐 프리 비건

재료 [지름 18cm 타르트 틀 1개 분량]

타르트지
- 생 아몬드 200g(물에 불리지 않은 것)
- 대추야자 100g(씨를 발라낸다.)
- 무향 코코넛 오일 1큰술(뜨거운 물로 녹인다.)
- 바닐라 익스트랙 $\frac{1}{2}$작은술
- 소금 약간

코팅용 젤리
- 물 50ml
- 아가베시럽 1작은술
- 한천 가루 $\frac{1}{2}$작은술

리코타 바닐라 크림
- 차갑게 식힌 리코타 치즈(40쪽)
- 레시피 1개 분량
- 무향 코코넛 오일 4와 $\frac{1}{2}$큰술(뜨거운 물로 녹인다.)
- 메이플시럽 2큰술
- 레몬 제스트(레몬 1개 분량)
- 레몬즙 1큰술
- 바닐라 익스트랙 1과 $\frac{1}{2}$작은술

좋아하는 베리류 약 300g

1 타르트지 재료 중 아몬드와 대추야자를 푸드 프로세서로 가루가 될 때까지 곱게 간다. 나머지 재료를 넣고 반죽이 매끄러워질 때까지 곱게 간다.

2 타르트 틀에 기름(분량 외)을 얇게 바른 후 1을 틀 모서리 부분까지 눌러서 밀착시켜 깔고 냉장실에 넣어둔다.

3 볼에 리코타 바닐라 크림 재료를 넣어 고루 섞은 후 타르트지에 크림을 채운다. 크림 표면을 평평하게 다듬고 위에 베리를 올린다.

4 코팅용 젤리 재료를 약불로 데우면서 섞어주고 끓어오르기 시작하면 2분 더 데운다. 조리용 붓으로 재빠르게 베리 표면에 바른 뒤 냉장실에서 몇 시간 차게 굳힌다.

베리가 수북한 타르트 속에 리코타 바닐라
크림이 가득. 포틀럭 파티에 들고 가거나,
선물을 해도 반응이 좋은 디저트입니다.

티라미수

사용한 치즈 리코타 치즈 글루텐 프리 비건

재료 [4인분]

쌀가루로 만든 커피맛 찐빵

- 쌀가루 180g
- 무첨가 두유 200ml
- 수수설탕 80g
- 포도씨유 2큰술
- 인스턴트 커피 가루 1큰술
- 베이킹파우더 2와 $\frac{1}{2}$작은술

마스카르포네 크림

- 차갑게 식힌 리코타 치즈(40쪽) 레시피 1개 분량
- 코코넛 휘핑크림(148쪽) 레시피 1개 분량
- 아가베시럽 2큰술

진한 커피 적당량

코코아 가루 적당량

1 볼에 쌀가루와 수수설탕, 베이킹파우더를 넣고 섞는다.

2 다른 볼에 나머지 찐빵 재료를 모두 넣고 섞는다.

3 **1**에 **2**를 넣어 잘 섞는다. 종이 머핀 컵 4개에 $\frac{3}{4}$ 높이까지 반죽을 채우고 15~30분간 찐다. 꼬치로 찔러 반죽이 묻어나지 않으면 완성이다. 찐빵을 식힌다.

4 마스카르포네 크림 재료를 핸드 믹서나 푸드 프로세서로 섞는다.

5 찐빵 윗부분을 평평하게 잘라내고, 남은 부분을 두 장으로 슬라이스한다. 한 장을 컵 바닥에 깔고, 커피를 찐빵에 스며들게끔 바른 뒤 마스카르포네 크림을 위에 넣는다. 이 과정을 한 번 더 반복한다. 잘라낸 찐빵은 빈틈을 메울 때 사용한다.

6 냉장실에서 하룻밤 차게 굳히고, 마무리로 코코아 가루를 체로 쳐서 뿌린다.

쌀가루로 만든 커피맛 찐빵을 사용한
글루텐 프리 티라미수. 1인분 사이즈 컵
에 담았더니 더 예쁘게 완성되었네요.

recipe for

CHEESE

두유로 만드는

주욱 늘어나는 모차렐라 치즈

보관 기간 : 냉동실에서 한 달까지 **글루텐 프리** **비건**

재료 [약 360g]

무첨가 두유 300ml
찹쌀가루 4큰술
무향 코코넛 오일 2큰술(뜨거운 물로 녹인다.)
올리브유 1큰술
뉴트리셔널 이스트 1작은술
백된장 1과 $\frac{1}{2}$큰술
레몬즙 2작은술
소금 $\frac{1}{2}$작은술보다 적게

1 믹서에 모든 재료를 넣고 전체가 고루 섞일 때까지 곱게 간다.

2 1을 냄비에 넣고 찹쌀가루가 덩어리지지 않도록 주걱으로 잘 저어주면서 약불로 데운다. 부글부글 끓어오르면 거품기로 바꿔 섞어주고, 걸쭉하고 윤기가 생길 때까지 몇 분 더 데운다.

3 딥이나 소스에 사용하며 다양한 요리에도 활용할 수 있다.

- 냉동실에 보관할 때는 완전히 식혀 랩을 깐 보관 용기에 넣는다. 냉동한 치즈를 사용할 때는 슬라이스하거나 치즈 그레이터로 갈아서 사용한다. 높이를 반으로 자른 두유 종이팩에 바로 넣어서 냉동하는 것도 추천.

갓 만들었을 때는 주~욱. 냉동해
두면 필요할 때 슬라이스하거나
갈아서 토핑용으로 쓸 수 있어요.

두유 크림 스튜

사용한 치즈 주욱 늘어나는 모차렐라 치즈 | 글루텐 프리 | 비건

재료 [4인분]

감자 1개(한입 크기로 썬다.)
당근 1개(큼직하게 어슷어슷 썬다.)
양파 $\frac{1}{2}$개(빗 모양으로 썬다.)
버터(140쪽) 또는 올리브유 1큰술
물 300ml
화이트와인 50ml
월계수 잎 2장
메이플시럽 적당량
육두구(넛메그) 가루 약간
소금 $\frac{1}{2}$작은술
후추 약간
A | 주욱 늘어나는 모차렐라 치즈(50쪽)
레시피 $\frac{1}{2}$개 분량(얼려둔 건 녹인다.)
무첨가 두유 250ml
백된장 1큰술
찹쌀가루 1큰술
파슬리 약간(잘게 썬다.)

1 냄비에 버터(또는 올리브유)를 넣고 중불로 녹인다. 감자와 당근, 양파를 넣고 볶는다.

2 양파가 투명해지면 물, 화이트와인, 월계수 잎을 넣는다. 뚜껑을 살짝 비스듬하게 덮고 재료가 부드러워질 때까지 10분 정도 익힌다.

3 믹서에 A를 넣고 매끄러워질 때까지 곱게 간다.

4 월계수 잎을 먼저 꺼내서 버린 후 3을 냄비에 넣어 잘 섞는다. 스튜 질감이 될 때까지 몇 분간 더 불 위에 둔다. 메이플시럽, 육두구 가루, 소금과 후추를 넣어 간을 맞춘다.

5 그릇에 옮겨 담고 파슬리를 뿌린다.

화이트소스와 루 대신 주욱 늘어나
는 모차렐라 치즈를 사용한 사르르
녹는 농후한 크림 스튜입니다.

베지 피자

사용한 치즈 주욱 늘어나는 모차렐라 치즈 | 글루텐 프리 | 비건

재료 [4인분]

글루텐 프리 콜리플라워 피자 반죽

- 콜리플라워 1개(약 380g)
- 아몬드 밀크(136쪽)를 짜고 남은 건더기 레시피 1개 분량
- 치아시드 3큰술
- 마늘 2쪽(잘게 썬다.)
- 올리브유 1큰술
- 전분 1큰술
- 말린 오레가노 1작은술
- 소금 $\frac{1}{4}$작은술

피자 소스

- A 토마토 통조림 1캔(400g)
  - 말린 바질 $\frac{1}{2}$작은술
  - 말린 오레가노 $\frac{1}{2}$작은술
- 올리브유 1큰술
- 마늘 2쪽(잘게 썬다.)
- 메이플시럽 1작은술
- 소금 $\frac{1}{4}$작은술
- 후추 약간

좋아하는 채소 적당량(얇게 썬다.)

냉동한 주욱 늘어나는 모차렐라 치즈(50쪽) 레시피 $\frac{1}{4}$개 분량(갈거나 슬라이스한다.)

1 콜리플라워를 10분 정도 삶고 식힌다. 푸드 프로세서로 매끄러워질 때까지 곱게 갈고 면 행주에 담아 물기를 꽉 짠다. 치아시드를 믹서에 넣고 가루가 될 때까지 곱게 간다.

2 볼에 **1**과 피자 반죽 나머지 재료를 넣고 손으로 치댄다. 유산지 두 장 사이에 반죽을 넣어 밀대로 두께 5mm로 밀고 위쪽 유산지를 벗긴다.

3 유산지째 오븐 팬에 올린 후 200℃ 오븐에서 30~40분간 굽는다. 구움색이 나면 방향을 바꿔 10~15분 더 굽는다.

4 토마토 통조림을 믹서로 갈아 퓌레 상태로 만든다. 프라이팬을 중불에 올려 올리브유를 두르고 마늘을 볶은 후 A를 넣어 15~20분 정도 조린다. 수분이 날아갔다면 메이플시럽, 소금과 후추로 간을 맞춘다.

5 피자 반죽에 **4**를 바르고 주욱 늘어나는 모차렐라 치즈와 좋아하는 채소를 얹는다. 오븐에서 치즈가 녹을 때까지 10~15분 정도 굽는다.

콜리플라워 피자 반죽을 사용한 글루텐 프리 채소 피자. 건강한 포만감을 느낄 수 있어요.

라이스 크로켓

사용한 치즈 주욱 늘어나는 모차렐라 치즈 비건

재료 [4인분]

밥 500g
주욱 늘어나는 모차렐라 치즈(50쪽) 약 60g(냉동한 것)
양파 $\frac{1}{2}$개(잘게 썬다.)
마늘 2쪽(잘게 썬다.)
버터(140쪽) 또는 올리브유 1큰술
소금 $\frac{1}{4}$작은술

토마토소스
토마토 통조림 1캔(400g)
마늘 2쪽(잘게 썬다.)
올리브유 1큰술
말린 오레가노 1작은술
메이플시럽 2작은술
소금 $\frac{1}{2}$작은술
후추 약간

빵가루 1컵
좋아하는 튀김용 기름 적당량

1 토마토 통조림을 믹서로 갈아 퓌레 상태로 만든다. 프라이팬을 중불에 올려 올리브유를 두르고 마늘을 볶는다. 토마토 퓌레와 오레가노를 넣고 20분 정도 조린다. 수분이 날아가면 메이플시럽, 소금과 후추로 간을 맞추고, 불을 끈다.

2 다른 프라이팬을 중불에 올려 버터(또는 올리브유)를 넣고, 양파와 소금 한 꼬집(분량 외)을 넣고 볶는다. 양파가 투명해지면 마늘을 넣어 좀 더 볶는다.

3 **2**에 밥과 소금을 넣어 볶고 **1**을 넣는다. 토마토 소스가 매끄러워지면 불을 끄고 밥을 넓적한 그릇 위에 펼쳐 식힌다.

4 **3**이 식으면 냉동해둔 주욱 늘어나는 모차렐라 치즈를 사방 1.5cm 크기로 썰어서 밥 가운데 넣어 감싸고 둥글게 빚는다.

5 푸드 프로세서로 잘게 간 빵가루에 **4**를 굴려 튀김옷을 골고루 묻히고, 180°C 기름으로 바삭하고 구움색이 나게 튀긴다. 식기 전에 소금(분량 외)을 살짝 뿌리면 완성.

라이스 크로켓 속에 사르르 녹는 모차렐라 치즈가 듬뿍. 토마토 라이스의 산미와 맛스러운 조화를 이뤄요.

Organic
Lavender
$6 00/bunch OR 3/$17 00

PACIFIC PARK
PACIFIC PARK
#PACIFICPARK

recipe for

CHEESE

두유로 만드는

주욱 늘어나는 체더치즈

보관 기간 : 냉동실에서 한 달까지 글루텐 프리 비건

재료 [약 360g]

무첨가 두유 300ml
찹쌀가루 4큰술
무향 코코넛 오일 2큰술(뜨거운 물로 녹인다.)
올리브유 1큰술
뉴트리셔널 이스트 2큰술
백된장 1과 $\frac{1}{2}$큰술
참깨 페이스트 $\frac{1}{4}$작은술
파프리카 가루 $\frac{1}{4}$작은술
강황 가루 한 꼬집
고춧가루 한 꼬집
레몬즙 2작은술
소금 $\frac{1}{2}$작은술보다 적게

1 믹서에 모든 재료를 넣고 전체가 고루 섞일 때까지 곱게 간다.

2 1을 냄비에 넣고 찹쌀가루가 덩어리지지 않도록 주걱으로 잘 저어주면서 약불로 데운다. 부글부글 끓어오르면 거품기로 바꿔 섞어주고 걸쭉하고 윤기가 생길 때까지 몇 분 더 데운다.

3 딥이나 치즈 소스에 사용하며 다양한 요리에도 활용할 수 있다.

• 냉동실에 보관할 때는 완전히 식히고 랩을 깐 보관 용기에 넣는다. 냉동한 치즈를 사용할 때는 슬라이스하거나 치즈 그레이터로 갈아서 사용한다. 높이를 반으로 자른 두유 종이팩에 바로 넣어서 냉동하는 것도 추천.

갓 만들었을 때는 부드러운 체더치즈 소스로, 냉동하면 슬라이스하거나 치즈 그레이터로 갈아서 사용할 수 있어요.

콜리플라워 치즈 포타주

사용한 치즈 주욱 늘어나는 체더치즈 글루텐 프리 비건

재료 [4인분]

콜리플라워 1개(약 300g, 송이별로 나눈 뒤 잘게 썬다.)
파프리카 100g(빨간색 또는 주황색, 깍둑썬다.)
양파 1개(잘게 썬다.)
물 300ml
버터(140쪽) 또는 올리브유 1큰술
코코넛 베이컨(151쪽) 적당량(선택)
파슬리 약간(잘게 썬다.)

A
주욱 늘어나는 체더치즈(60쪽) 레시피 $\frac{1}{2}$개 분량(얼려둔 건 녹인다.)
무첨가 두유 350ml
뉴트리셔널 이스트 5큰술
백된장 1과 $\frac{1}{2}$큰술
참깨 페이스트 1작은술
파프리카 가루 $\frac{1}{4}$작은술

레몬즙 1과 $\frac{1}{2}$작은술
소금 $\frac{1}{2}$작은술보다 적게
후추 약간

1 냄비에 버터(또는 올리브유)를 넣고 중불로 녹인다. 양파, 소금 한 꼬집(분량 외)을 넣고 볶는다.

2 양파가 투명해지면 콜리플라워와 파프리카, 물을 넣는다. 뚜껑을 덮고 재료가 부드러워질 때까지 15분 정도 익힌다.

3 믹서에 **2**와 A를 넣고 매끄러워질 때까지 곱게 간다. 내열 유리 믹서가 없다면 **2**를 식힌 후 믹서에 넣는다.

4 냄비에 다시 넣어 몇 분간 데워준다. 마무리로 레몬즙을 넣고, 소금과 후추로 간을 맞춘다.

5 그릇에 옮겨 담고 코코넛 베이컨과 파슬리를 뿌린다.

콜리플라워가 듬뿍 들어갔는데도 콜리플라워 맛이 나지 않는 치즈맛 포타주. 채소를 싫어하는 분께 딱 맞는 수프랍니다.

브로콜리 체더 수프

사용한 치즈 주욱 늘어나는 체더치즈 | 글루텐 프리 | 비건

재료 [4인분]

양파 1개(잘게 썬다.)
버터(140쪽) 또는 올리브유 1큰술

A
- 브로콜리 200g(송이별로 나눈 뒤 잘게 썬다.)
- 당근 1개(채썬다.)
- 무첨가 두유 450ml
- 월계수 잎 2장

B
- 무첨가 두유 200ml
- 주욱 늘어나는 체더치즈(60쪽) 레시피 $\frac{1}{2}$개 분량(얼려둔 건 녹인다.)
- 뉴트리셔널 이스트 4큰술
- 백된장 1큰술

레몬즙 1과 $\frac{1}{2}$작은술
육두구(넛메그) 가루 약간
소금 $\frac{1}{2}$작은술
후추 약간

1 냄비에 버터(또는 올리브유)를 넣고 중불로 녹인다. 양파, 소금 한 꼬집(분량 외)을 넣고 볶는다.

2 양파가 투명해지면 A를 넣는다. 뚜껑을 덮고 재료가 부드러워질 때까지 약불로 10분 정도 익힌다.

3 믹서에 B를 넣고 매끄러워질 때까지 곱게 간다.

4 월계수 잎을 건져내고 3을 냄비에 넣어 잘 섞는다. 꾸덕꾸덕한 질감이 될 때까지 몇 분간 더 불 위에서 졸인다. 레몬즙과 육두구 가루를 넣고, 소금과 후추로 간을 맞춘다.

- 취향에 따라 체더치즈(124쪽) 또는 주욱 늘어나는 체더치즈(60쪽, 둘 다 분량 외)를 갈거나 잘게 잘라서 토핑해도 맛있다.

미국에서 인기 있는 브로콜리 체더 수프. 치즈와 브로콜리의 절묘한 조합! 브로콜리를 좋아하지 않는 분이나 아이들도 맛있게 먹을 수 있어요.

그릴드 치즈 샌드위치

사용한 치즈 주욱 늘어나는 체더치즈 비건

재료 [1인분]

식빵 2장
버터(140쪽) 적당량
마요네즈(142쪽) 적당량
주욱 늘어나는 체더치즈(60쪽) 적당량

1 식빵 한 장에 마요네즈를 살짝 바르고, 뒷면에는 버터를 꼼꼼히 바른다.

2 주욱 늘어나는 체더치즈를 마요네즈를 바른 면에 듬뿍 바른다.

3 프라이팬을 약불로 달구고 버터 바른 면이 노릇하게 구움색이 날 때까지 굽는다.

4 구움색이 나면 나머지 한 장의 식빵에도 버터를 바르고, 버터를 바른 면이 위로 가도록 첫 번째 식빵에 올린다. 뒤집개로 샌드위치를 뒤집는다.

5 뒤집개로 몇 번 꾹꾹 눌러주면서 구움색이 날 때까지 몇 분간 굽는다.

- 냉동했던 주욱 늘어나는 체더치즈를 사용하는 경우 3mm 정도의 두께로 슬라이스한 후 **2**에서 빵 위에 잘 깐다.

그릴드 치즈라 불리는 미국의
대표 샌드위치. 식빵 사이로
흘러나오는 치즈가 환상적!

갈릭 치즈 도리아

사용한 치즈 주욱 늘어나는 체더치즈 | 글루텐 프리 | 비건

재료 [4인분]

밥 500g
양파 $\frac{1}{2}$개(잘게 썬다.)
만가닥버섯 1팩(약 120g)
버터(140쪽) 또는 올리브유 1큰술
소금 $\frac{1}{4}$작은술
후추 약간

A
주욱 늘어나는 체더치즈(60쪽)
레시피 $\frac{1}{2}$개 분량(얼려둔 건 녹인다.)
무첨가 두유 200ml
*구운 통마늘 1~2개
소금 $\frac{1}{2}$작은술
후추 약간

파르메산 치즈(74쪽) 적당량
파슬리 약간(잘게 썬다.)

1 프라이팬에 버터(또는 올리브유)를 넣어 중불로 달구고 양파와 소금 한 꼬집(분량 외)을 넣고 양파가 투명해질 때까지 볶는다. 만가닥버섯을 넣어 함께 볶다가 숨이 죽으면 밥을 넣어 볶는다. 소금과 후추로 간을 맞춘다.

2 믹서에 A를 넣고 매끄러워질 때까지 곱게 간다.

3 오븐용 그라탱 그릇에 **1**을 평평하게 담고 **2**를 뿌린다.

4 오븐 토스터(오븐이라면 200℃)로 노릇하게 구움색이 날 때까지 15~20분간 굽는다. 마무리로 파르메산 치즈와 파슬리를 뿌린다.

* 구운 통마늘 만들기
통마늘 줄기를 잘라내고 올리브유를 뿌려 알루미늄 포일로 감싼다. 마늘이 부드러워질 때까지 오븐 토스터(오븐이라면 200℃)로 약 30분간 굽는다. 한 김 식힌 후 마늘 알맹이를 꺼낸다.

꾸덕하고 농후한 치즈 도리아.
구운 통마늘로 치즈의 풍미가
돋보입니다.

감자 그라탱

사용한 치즈 주욱 늘어나는 체더치즈 | 글루텐 프리 | 비건

재료 [4인분]

감자 3개(약 500g)
냉동한 주욱 늘어나는 체더치즈(60쪽)
레시피 $\frac{1}{4}$개 분량
버터(140쪽) 1작은술

A
캐슈 생크림(138쪽) 300ml
냉동한 주욱 늘어나는 체더치즈(60쪽)
레시피 $\frac{1}{4}$개 분량(잘게 썬다.)
마늘 3쪽(잘게 썬다.)
말린 타임 $\frac{1}{4}$작은술
소금 $\frac{3}{4}$작은술
후추 약간

타임 약간(취향에 따라)

1 감자 껍질을 벗기고 채칼로 1mm 두께로 슬라이스해 10분 정도 물에 담가둔다. 냄비에 물을 가득 채워 끓이고, 감자가 반투명하게 될 때까지 몇 분간 데친 뒤 체반에 올려 한 김 식힌다.

2 볼에 A를 넣고 잘 섞는다. 슬라이스한 감자도 넣어 소스가 잘 묻도록 손으로 버무린다.

3 버터를 바른 그라탱 그릇에 2를 넣고 표면을 평평하게 다듬는다. 주욱 늘어나는 체더치즈를 얇게 슬라이스하고 그라탱 표면에 얹는다.

4 표면에 구움색이 나고 감자를 꼬챙이로 찔렀을 때 푹 들어갈 때까지 200℃로 예열한 오븐에서 40분 정도 굽는다.

5 다 구워지면 10분간 그대로 두고, 취향에 따라 타임 등으로 장식한다.

• 냉동한 주욱 늘어나는 체더치즈(60쪽)는 레시피의 총 $\frac{1}{2}$개 분량을 사용한다.

누구나 좋아하는 감자 그라탱.
크리미하게 완성되는데, 유제
품은 하나도 안 들어갔어요.

recipe for

CHEESE

두유로 만드는

폼뒤

글루텐 프리 비건

재료 [4인분]

마늘 1쪽
화이트와인 100ml
레몬즙 1작은술
육두구(넛메그) 가루 약간
소금 $\frac{1}{2}$작은술보다 적게
후추 약간
글루텐 프리 빵 적당량(깍둑썬다.)
좋아하는 채소 적당량

A
무첨가 두유 200ml
무향 코코넛 오일 2큰술(뜨거운 물로 녹인다.)
올리브유 1큰술
백된장 1큰술
뉴트리셔널 이스트 1작은술
참깨 페이스트 $\frac{1}{4}$작은술
강황 가루 한 꼬집
파프리카 가루 한 꼬집
고춧가루 한 꼬집
찹쌀가루 4큰술

1 마늘을 반으로 자른다. 단면이 퐁뒤 냄비에 닿도록, 냄비 옆면 전체에 마늘을 붙여 고정한다.

2 믹서에 A를 넣어 매끄러워질 때까지 곱게 간다.

3 퐁뒤 냄비에 2와 화이트와인을 넣어 잘 섞으면서 중불로 데운다. 덩어리지면 약불로 줄이고 주걱으로 잘 섞어주면서 졸인다. 보글보글 끓기 시작하면 거품기로 바꿔 섞어주면서 걸쭉하고 윤기가 생길 때까지 몇 분간 데운다.

4 마지막에 레몬즙과 육두구 가루, 소금과 후추를 넣어 간을 맞춘다.

5 빵이나 좋아하는 채소를 찍어서 먹는다.

- 화이트와인이 들어 있기 때문에 아이용 퐁뒤는 주욱 늘어나는 체더치즈(60쪽)로 대체할 수 있다.

걸쭉한 치즈 퐁뒤는 파티에서도 즐거운 메뉴.
화이트와인을 섞어 만든 어른을 위한 디저트.

recipe for

CHEESE

견과류로 만드는

파르메산 치즈

보관 기간 : 냉장실에서 한 달까지 **글루텐 프리** **로푸드** **비건**

재료 [약 180g]

생 캐슈너트 160g(물에 불리지 않은 것)
뉴트리셔널 이스트 5큰술
소금 $\frac{3}{4}$작은술

뉴트리셔널 이스트가 없다면
생 캐슈너트 120g(물에 불리지 않은 것)
잣 50g(물에 불리지 않은 것)
백된장 1작은술
소금 $\frac{1}{2}$작은술

1 모든 재료를 푸드 프로세서에 넣고, 가루가 될 때까지 곱게 간다.

- 캐슈너트는 물에 불리지 않고 건조한 상태에서 사용한다.
  뉴트리셔널 이스트를 넣지 않은 레시피는 백된장의 수분 때문에
  살짝 촉촉한 가루 상태로 완성된다.

간단하면서 짧은 시간에 만들 수 있는 심플 비건 파르메산 치즈. 샐러드나 파스타 등에 두루두루 잘 어울려 활용도가 높습니다.

cheese recipes
PASTA

카르보나라

사용한 치즈 파르메산 치즈 비건

재료 [4인분]

스파게티(건면) 400g
물 2L
소금 20g
A | 무첨가 두유 300ml
올리브유 1큰술
뉴트리셔널 이스트 1큰술
히말라야 블랙솔트 또는 소금 $\frac{1}{4}$작은술
굵게 간 흑후추 적당량
사과 식초 1작은술
B | 코코넛 베이컨(151쪽) 적당량
파르메산 치즈(74쪽) 적당량
파슬리 약간(잘게 썬다.)
굵게 간 흑후추 약간

1 물에 소금 20g을 넣고 스파게티를 살짝 덜 익은 상태인 알덴테로 삶는다.

2 스파게티를 삶는 동안 프라이팬에 A를 넣고 약불로 데운다.

3 물기를 뺀 스파게티를 2에 넣고 잘 섞는다. 물기가 많을 경우 중불에 올려 수분을 날리면서 섞는다. 불을 끈 다음 사과 식초를 두르고 잘 섞는다.

4 그릇에 담고 B를 뿌려 마무리한다.

• 칼라 나마크로도 불리는 히말라야 블랙솔트는 유황이 포함된 흑암염이다. 삶은 달걀과 유사한 맛과 향이 나기에 비건 요리에서는 달걀 요리를 재현하는 레시피에 곧잘 활용된다. 파르메산 치즈와 코코넛 베이컨을 미리 만들어두면 데운 두유와 삶은 스파게티를 섞기만 하면 되는 간편 레시피로 활용할 수 있다.

두유를 사용한 크리미한 비건 카르보나라!
코코넛 베이컨과 블랙솔트가 깜짝 놀랄
만큼 완벽한 카르보나라로 완성해줍니다.

recipe for

CHEESE

견과류로 만드는

나초 치즈

보관 기간 : 냉장실에서 3일까지

글루텐 프리 비건

비건 치즈 중에서도 독특한 풍미를 자랑하는 나초 치즈.
토르티야 칩스나 채소 스틱을 찍어 먹을 딥 소스로도 좋지만
여기저기 다양하게 곁들일 수 있는 만능 멕시칸 소스랍니다.

1
Ball

2

3

4

5

recipe for

CHEESE

나초 치즈

재료 [약 570g]

생 캐슈너트 80g

생 해바라기씨 80g (생 캐슈너트로 대체 가능)

A
- 파프리카 180g (빨간색, 깍둑썬다.)
- 레몬즙 2큰술
- 메이플시럽 1과 $\frac{1}{2}$큰술
- 물 60ml

B
- 뉴트리셔널 이스트 3큰술
- 파프리카 가루 1과 $\frac{1}{2}$작은술
- 커민 가루 1과 $\frac{1}{4}$작은술
- 칠리 가루 1작은술 (선택)
- 카옌페퍼 또는 고춧가루 한 꼬집
- 백된장 1작은술
- 소금 1작은술보다 적게

찹쌀가루 2작은술

1 캐슈너트와 해바라기씨를 하룻밤 물에 불리고, 체에 담아 물로 씻는다.

2 믹서에 A를 넣어 매끄러워질 때까지 곱게 간다.

3 **1**과 B도 믹서에 넣고 매끄러워질 때까지 곱게 간다. 매끄럽게 갈리지 않을 경우는 아주 소량의 물을 조금씩 넣는다.

4 찹쌀가루를 믹서에 넣고 매끄러워질 때까지 더 간다.

5 **4**를 냄비에 옮겨 담고, 중불에 올려 잘 섞어가며 데운다. 보글보글 끓기 시작하고 나서 1분 정도 더 섞으면서 데우면 완성이다.

- **1**에서 물에 불릴 시간이 없으면, 15분간 삶아서 체에 담아 찬물로 씻는다. 믹서로 매끄럽게 갈리지 않을 경우는 체를 엎어 으깨듯 곱게 내려도 된다.(17쪽 참조)
  3에서 마무리한 뒤 데우지 않고 먹으면 효소가 살아있는 로푸드 나초 소스로 즐길 수 있다.

나초

사용한 치즈 나초 치즈 | 글루텐 프리 | 비건

재료 [4인분]

피코 데 가요

- 완숙 토마토 1개(작게 깍둑썬다.)
- 적양파 또는 양파 $\frac{1}{4}$개(잘게 썬다.)
- 고수 2큰술(잘게 썬다.)
- 마늘 1쪽(잘게 썬다.)
- 라임즙 또는 레몬즙 1큰술
- 소금 약간

과카몰리

- 완숙 아보카도 1개
- 마늘 1쪽(잘게 썬다.)
- 라임즙 또는 레몬즙 1큰술
- 소금 약간

나초 치즈(78쪽) 레시피 1개 분량
토르티야 칩스 약 250g 정도
삶은 팥(무가당) 약 140g 정도
쪽파 적당량(송송 썬다.)

1 볼에 피코 데 가요 재료를 버무린다.

2 과카몰리를 만든다. 아보카도를 볼에 넣어 포크로 으깬다. 마늘과 라임즙을 더해 잘 섞고, 소금으로 간을 맞춘다.

3 나초 치즈를 준비한다. 미리 만들어둔 나초 치즈를 사용할 경우 중불로 다시 데운다. 너무 뻑뻑하면 소량의 물을 더해 풀어준다.

4 그릇에 토르티야 칩스를 담고, 나초 치즈를 전체에 두른다. 삶은 팥, 피코 데 가요, 과카몰리, 쪽파를 뿌린다.

- 바로 장식할 수 없을 때는 피코 데 가요를 냉장실에 넣어둔다. 과카몰리는 산화해 변색하지 않도록 표면에 랩을 밀착시켜서 냉장실에 넣어둔다. 장식하기 바로 전에 나초 치즈를 데우는 게 좋다. 또한 미리 장식해두면 토르티야 칩스가 수분을 흡수해 눅눅해지므로 장식은 먹기 직전에 하자.

나초는 빠르게 만들 수 있고 맛과 색이
강렬해 파티용 레시피로 안성맞춤입니다.

recipe for

CHEESE

견과류로 만드는

치즈 소스

보관 기간 : 냉장실에서 3 일까지 **글루텐 프리** **로푸드** **비건**

재료 [약 540g]

생 캐슈너트 200g

A | 파프리카 180g(노란색 또는 주황색, 깍둑썬다.)
레몬즙 2큰술
물 60ml

뉴트리셔널 이스트 3큰술
백된장 1작은술
강황 가루 한 꼬집
소금 1작은술보다 적게

1 캐슈너트를 2~4시간 물에 불리고, 체에 담아 물로 씻는다.

2 믹서에 A를 넣어 매끄러워질 때까지 곱게 간다.

3 나머지 재료를 모두 믹서에 넣고 매끄러워질 때까지 곱게 간다. 매끄럽게 갈리지 않을 경우 아주 소량의 물을 조금씩 넣는다.

- 1에서 물에 불릴 시간이 없으면, 15분간 삶아서 체에 담아 찬물로 씻는다.(이 경우는 로푸드가 아니다.)
빨간 파프리카를 사용하면 치즈 소스 색이 주황색으로 완성된다.
믹서로 매끄럽게 갈리지 않을 경우는 체를 엎어 으깨듯 곱게 내려도 된다.(17쪽 참조)
데우고 싶을 때는 작은 냄비에 넣어 잘 저어주면서 약불로 데운다.(이 경우는 로푸드가 아니다.)

딥이나 소스로 대활약하는 만
능 비건 치즈 소스. 살아있는
효소가 가득한 로푸드입니다.

마카로니 치즈

사용한 치즈 치즈 소스 비건

재료 [4인분]

마카로니(건면) 300g
물 2L
소금 20g
치즈 소스(84쪽) 레시피 1개 분량
마카로니 면수 약 200ml
소금 $\frac{1}{4}$작은술
후추 약간

A
빵가루 $\frac{1}{2}$컵(마른 팬에 볶아 수분을 날린다.)
파르메산 치즈(74쪽) 적당량(선택)
코코넛 베이컨(151쪽) 적당량(선택)
파슬리 약간(잘게 썬다.)

1 물에 소금 20g을 넣고 마카로니를 살짝 덜 익은 상태인 알덴테로 삶는다.

2 마카로니를 삶는 동안, 치즈 소스를 프라이팬에 담아 약불에 데우면서 타지 않도록 잘 저어준다.

3 물기를 뺀 마카로니를 2에 넣고, 면수를 적당량 더하면서 치즈 소스와 잘 섞는다.

4 소금과 후추로 간을 맞추고 그릇에 담아 A를 뿌린다.

- 코코넛 베이컨은 짠맛이 강하므로 사용할 경우 4에서 소금 양을 줄인다. 치즈 소스를 논오일 베지 치즈 소스(88쪽)로 바꿔도 좋다.

미국에서 세대를 불문하고 사랑받는 마카로니&
치즈, 일명 맥앤치즈. 코코넛 베이컨만 있으면 인
기 만점 베이컨 맥앤치즈처럼 완성할 수 있어요.

recipe for

CHEESE

채소로 만드는

논오일 베지 치즈 소스

보관 기간 : 냉장실에서 3 일까지 **글루텐 프리** **비건**

재료 [약 680g]

파프리카 180g(빨간색, 깍둑썬다.)
오트밀(롤드오트) 100g
물 400ml
백된장 2와 $\frac{1}{2}$큰술
뉴트리셔널 이스트 6큰술
파프리카 가루 $\frac{1}{4}$작은술
고춧가루 한 꼬집
소금 $\frac{3}{4}$작은술
레몬즙 1과 $\frac{1}{2}$작은술

1 레몬즙을 제외한 모든 재료를 믹서에 넣어 매끄러워질 때까지 곱게 간다.

2 냄비에 옮겨 담고, 중불에 데우면서 잘 섞는다. 걸쭉하고 윤기가 생길 때까지 7분 정도 더 데운다.

3 레몬즙을 넣어 잘 섞고 불을 끈다.

• 믹서로 매끄럽게 갈리지 않을 경우는 체를 얹어 으깨듯 곱게 내려도 된다.(17쪽 참조) 마카로니 치즈(86쪽) 레시피에서 치즈 소스(84쪽) 대용으로 논오일 베지 치즈 소스를 활용해도 좋다.

파프리카와 오트밀로 만든 논오일 저칼로리 레시피. 지방질을 걱정하는 분께 추천합니다. 파스타에 버무리거나, 소스나 딥으로 활용해보세요.

recipe for

DESSERT

견과류로 만드는

베리 마블 치즈케이크

보관 기간 : 냉동실에서 1주일까지 **글루텐 프리** **로푸드** **비건**

재료 [지름 18cm짜리 분리되는 케이크 틀 1개 분량]

크러스트 반죽

- 생 아몬드 120g(물에 불리지 않은 것)
- 대추야자 60g
- 무향 코코넛 오일 1큰술(뜨거운 물로 녹인다.)
- 바닐라 익스트랙 $\frac{1}{2}$작은술
- 소금 약간

필링

- 생 캐슈너트 300g
- 무향 코코넛 오일 150 ml(뜨거운 물로 녹인다.)
- 아가베시럽 140ml
- 레몬 제스트(레몬 2개 분량)
- 레몬즙 120ml
- 물 100ml
- 바닐라 익스트랙 1과 $\frac{1}{2}$작은술
- 소금 $\frac{1}{4}$작은술

베리 소스

- 블루베리 120g
- 무향 코코넛 오일 2큰술(뜨거운 물로 녹인다.)
- 메이플시럽 1과 $\frac{1}{2}$큰술
- 레몬즙 1작은술

1 캐슈너트를 2~4시간 물에 불리고, 체에 담아 물로 씻는다.

2 아몬드와 대추야자를 푸드 프로세서로 곱게 갈고, 크러스트 반죽의 나머지 재료를 넣어 함께 갈아준다.

3 케이크 틀에 기름(분량 외)을 바르고 **2**를 바닥에 깐 후 냉장실에 넣는다.

4 필링 재료를 믹서에 넣고 매끄러워질 때까지 곱게 간다. 약 $\frac{1}{4}$컵 분량은 따로 덜어두고, 나머지를 케이크 틀에 붓는다.

5 베리 소스 재료를 믹서로 갈고 체에 거른다.

6 베리 소스와 나머지 필링을 케이크 틀 몇 군데에 부어 꼬챙이로 8자를 그리며 무늬를 낸다. 냉동실에 하룻밤 넣어 차갑게 식혀 굳힌다.

- **1**에서 물에 불릴 시간이 없으면, 15분간 삶아서 체에 담아 찬물로 씻는다.(이 경우는 로푸드가 아니다.)

베리 소스의 보라색 마블 무늬가 그려진,
로푸드로 완성한 레어 치즈케이크예요.

Santa Monica

Sweet
Onions
$2.50

발효하는 비건 치즈

이 장에서는 견과류로 만드는 발효하는 비건 치즈를 소개합니다.
발효라는 수고는 들지만, 만드는 법은 매우 간단합니다.
직접 만든 비건 치즈로 호화로운 치즈 플레이트를 꾸며보세요.

FERMENTED VEGAN CHEESE

recipe for

CHEESE STARTER CULTURE

치즈 발효에 사용하는 발효식품

소금누룩

보관 기간 : 냉장실에서 세 달까지 글루텐 프리 로푸드 비건

재료 [만들기 쉬운 분량]

쌀누룩 200g
소금 60g
정수 또는 미네랄워터 적당량

1 쌀누룩과 소금을 잘 섞는다.

2 소독한 유리병에 1을 넣는다. 쌀누룩이 완전히 잠길 정도로 물을 붓는다. 잘 섞은 후 살짝 뚜껑을 덮는다.

3 직사광선이 닿지 않는 장소에 두고, 상온에서 발효한다. 다음날, 쌀누룩이 물을 흡수해 물이 줄어들어 있으면 물을 보충한다. 하루에 한 번씩 섞어 준다.

4 여름철에는 1주일, 겨울철에는 약 2주일 정도면 완성된다. 달콤한 향이 나면서 쌀누룩 알맹이가 부드러워지면 된다. 밀폐해서 냉장실에 보관한다.

- 발효하면서 가스가 발생하므로 넉넉한 사이즈의 유리병을 준비한다.

수제 만능 조미료는 물론, 발효
치즈의 발효 스타터로도 대활약!

recipe for

CHEESE STARTER CULTURE

치즈 발효에 사용하는 발효식품

현미 리쥬베락

보관 기간 : 냉장실에서 2주일까지 **글루텐 프리** **로푸드** **비건**

재료 [1L 분량]

정수 또는 미네랄워터 1L

현미(햇볕에 말린 것) 1홉(180cc)

1 현미를 하룻밤 물에 불린다. 불릴 때 사용하는 물은 분량 외.

2 현미를 씻고 물기를 제거한다. 볼 위에 체를 올려 현미를 균일하고 얇게 펼친 후 면 행주를 덮어 상온에서 발아시킨다. 하루에 두 번, 체에 올린 채로 현미에 물을 뿌린다. 약 1~2일 정도 지나면 작은 싹이 나며 발아한다.

3 발아현미를 잘 씻고 소독한 유리병에 물과 함께 넣는다. 키친타월로 병 입구를 막고 고무줄로 고정한다.

4 직사광선이 닿지 않는 장소에 두고 여름철에는 약 12시간~1일, 겨울철에는 1~2일 상온에서 발효한다. 작은 기포가 생기면 발효하고 있다는 증거.

5 물이 살짝 탁해지고 병을 흔들었을 때 작은 기포가 뽀글뽀글 올라오면 성공이다. 액체를 체로 걸러 현미를 분리한다. 이 발효한 액체가 리쥬베락이다. 밀폐 용기에 넣어 냉장실에 보관한다.

- 맛과 향이 은은한 이스트 같아 마시기 쉬운 산뜻한 맛이다. 만약 이상한 냄새가 나거나 맛이 이상하면 버리고 **1**부터 다시 만든다. 가능하면 유기농 현미를 사용하는 게 제일 좋다. 사용한 현미는 씻어서 밥으로 지어도 된다. 발효한 발아현미에 물을 넣으면 리쥬베락을 한 번 더 만들 수 있다. 두 번째 발효는 첫 번째보다 빨리 진행된다.

발아현미

발아 곡물 씨앗을 발효시킨 식물성
유산균 발효 음료. 발효 스타터로도
활용할 수 있는 만능 아이템이지요.

recipe for

CHEESE STARTER CULTURE

치즈 발효에 사용하는 발효식품

사워크라우트

보관 기간 : 냉장실에서 한 달까지 **글루텐 프리** **로푸드** **비건**

재료 [만들기 쉬운 분량]

양배추 또는 적양배추 1kg

소금 4작은술

치즈 발효용으로 만들 경우는 생략

캐러웨이 씨 1큰술(취향에 따라)

월계수 잎 1장(취향에 따라)

1 양배추 겉면의 큰 잎을 두 장 정도 벗기고, 나머지 부분을 큼직하게 채썬다. 원하는 폭으로 채썰면 된다.

2 볼에 **1**을 넣어 소금을 뿌리고, 힘껏 문지르며 숨을 죽인다. 전체적으로 부드러워지면 15분 정도 그대로 둔다.

3 소독한 큼직한 유리병에 **2**를 거품이 생기지 않도록 소량씩 넣는다. 볼 바닥에 쌓인 브라인(소금물)도 모두 넣는다.

4 미리 벗겨둔 양배추 겉잎을 밀어 넣고, 양배추가 브라인에 완전히 잠길 수 있게 눌러 담는다. 유리병 입구에서 브라인 수면까지는 3cm 정도 띄워둔다. 발효되면서 발생하는 가스로 인해 브라인이 새거나 넘치는 것을 방지한다.

5 가볍게 뚜껑을 덮고 직사광선이 닿지 않는 장소에 둔다. 3일~2주일까지 상온에서 발효한다. 맛을 보고 취향에 맞는 산미 상태가 되었을 때 밀폐해서 냉장실에 보관한다.

- 적양배추를 사용하면 자줏빛 브라인이 생긴다.
발효 3일째부터 브라인을 치즈 발효에 사용할 수 있다. 브라인을 따로 덜어둔 후 남은 사워크라우트는 냉장실에 보관한다.

유럽이 발상지인 유산 발효 양배추.
유산균 가득한 브라인(소금물)을 치즈 발효 스타터로 사용합니다.

recipe for

CHEESE

견과류로 만드는

크림치즈

보관 기간 : 냉장실에서 2주일까지

글루텐 프리 로푸드 비건

정성 들여 발효한 견과류 크림치즈는
기존의 크림치즈를 좋아하던 분의
마음에도 쏙 들 거예요. 베이글에 듬뿍 바르거나,
크래커에 얹어 즐길 수 있어요.

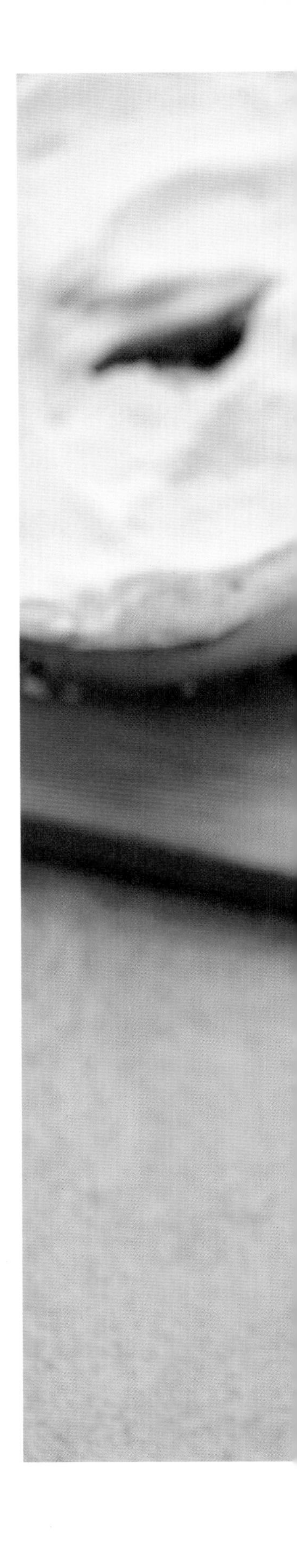

1

2

recipe for

CHEESE

크림치즈

재료 [약 480g]

발효

- 생 캐슈너트 200g
- 현미 리쥬베락(98쪽) 200ml

양념

- 무향 코코넛 오일 4큰술(뜨거운 물로 녹인다.)
- 레몬즙 2작은술
- 소금 $\frac{1}{2}$작은술보다 적게

1 발효 재료를 20~21쪽의 step1~step6 과정대로 발효한다. 발효시간은 하루.

2 발효한 치즈베이스를 볼에 옮겨 담고 양념 재료를 더해 고루 섞는다.

3 보관 용기에 넣어 냉장실에서 하룻밤 차게 굳힌다. 실온에 오래 놔두면 물렁해지므로 먹기 직전에 냉장실에서 꺼낸다.

당근 록스·크림치즈 베이글 샌드위치

사용한 치즈 크림치즈　　비건

재료 [4인분]

베이글 2~4개
크림치즈(102쪽) 적당량
적양파 12~24장 정도(얇게 슬라이스한다.)
케이퍼 적당량
딜 적당량

당근 록스
- 당근 2~3개(약 200g)
- 올리브유 2작은술
- 소금 한 꼬집

마리네액
- 간장 2작은술
- 스모크 리퀴드 $\frac{1}{2}$작은술(선택)
- 물 60ml
- 소금 한 꼬집
- 후추 약간

1 당근을 껍질째 도마에 올려 올리브유를 바르고 소금을 한 꼬집 뿌린다. 당근을 꼬챙이로 찔러 푹 들어갈 때까지 200℃로 예열한 오븐에서 30~40분 정도 굽고 식힌다.

2 필러로 당근을 훈제 연어처럼 얇게 슬라이스한다.

3 **2**에 마리네액을 섞고 냉장실에 넣어 1시간 숙성하면 당근 록스 완성.

4 베이글을 반으로 잘라 토스트하고 크림치즈를 바른다. 당근 록스를 마리네액에서 꺼내 높이감 있게 적당량 얹는다. 적양파, 케이퍼, 딜로 장식한다.

- 스모크 리퀴드는 번거로운 훈제를 하지 않고도 간편하게 스모크 풍미를 즐길 수 있는 편리한 조미료다. 브랜드에 따라 스모크 맛의 강도가 다르므로 취향에 따라 조절한다. 스모크 키친(SMOKE KITCHEN)이나 라이트(Wright's) 제품을 추천한다.

록스(훈제 연어)를 당근 록스 마리네로 재현했어요. 뉴욕 스타일의 베이글&록스!

크림치즈 트뤼프 초콜릿

사용한 치즈 크림치즈 글루텐 프리 로푸드 비건

재료 [약 30개 분량]

크림치즈(102쪽) 레시피 1개 분량
카카오 가루 40g
코코넛 슈거 120g
한천 가루 2큰술
무향 코코넛 오일 90ml(뜨거운 물로 녹인다.)
바닐라 익스트랙 1과 $\frac{1}{2}$작은술

1 모든 재료를 푸드 프로세서에 넣고, 매끄러워질 때까지 곱게 간다. 보관 용기에 넣어 냉장실에서 4시간 동안 차게 굳힌다.

2 굳으면 1작은술 스푼 정도의 크기로 덜어 내고 손으로 원하는 크기로 둥글려, 유산지를 깐 넓적한 그릇 위에 나란히 담는다. 다시 냉장실에서 30분~1시간 차게 굳힌다.

3 냉장실에서 꺼내 카카오 가루(분량 외)를 묻힌다.

4 밀폐 용기에 넣어 냉장실에 보관한다. 실온에 오래 놔두면 물렁해지므로 먹기 직전에 냉장실에서 꺼낸다.

- 카카오 가루는 코코아 가루로, 코코넛 슈거 대신 수수설탕을 사용해도 된다.(이 경우는 로푸드가 아니다.)

진한 맛이지만 유산균과 카카오 가루의 황산화 물질 덕분에 미용에도 좋고 몸에도 좋은 트뤼프.

recipe for

CHEESE

견과류로 만드는

허브 셰브르

보관 기간 : 냉장실에서 1주일까지

글루텐 프리 로푸드 비건

허브로 코팅된 셰브르 치즈.
보기에도 예쁘고, 홈파티나 치즈 플레이트에서도
보는 이의 마음을 사로잡아 존재감이 돋보이는 메뉴!

1

2

3

recipe for

CHEESE

허브 셰브르

재료 [약 200g]

발효

- 생 아몬드 100g
- 정수 또는 미네랄워터 120ml
- 소금누룩(96쪽) 1큰술

양념

- 뉴트리셔널 이스트 $\frac{1}{2}$작은술
- 레몬즙 $\frac{1}{2}$작은술
- 소금 적당량

생 타임 1과 $\frac{1}{2}$큰술(잘게 썬다.)

생 로즈메리 1과 $\frac{1}{2}$큰술(잘게 썬다.)

1 발효 재료를 20~21쪽의 step1~step6 과정대로 발효한다. 발효시간은 약 12시간에서 1일. 발효한 치즈베이스를 볼에 옮겨 담고 양념 재료를 더해 고루 섞는다.

2 유산지 위에 치즈를 올리고 유산지를 활용해 치즈를 원하는 크기의 원통형으로 둥글게 만든다.

3 타임과 로즈메리를 섞어둔다. 유산지에 섞어둔 허브를 뿌리고 치즈 겉면이 허브로 빈틈없이 코팅되도록 치즈를 굴린다.

4 유산지로 치즈를 감싸고 밀폐 용기에 넣는다.

5 바로 먹을 수 있지만 냉장실에 넣어 2~3일 숙성시키면 치즈가 단단해져 썰기도 쉽고 맛도 깊어진다.

- 원통형 외에도 공 모양의 미니 허브 셰브르를 몇 개씩 만들어도 된다. 허브 양은 치즈 크기에 따라 바꾼다.

비트와 허브 셰브르 샐러드

사용한 치즈 허브 셰브르 | 글루텐 프리 | 비건

재료 [4인분]

어린잎 채소 모둠 140g
허브 셰브르(110쪽) 적당량(슬라이스한다.)
비트 1개(약 100g)
식초 약간

메이플 견과류
- 피칸 또는 호두 80g
- 메이플시럽 50ml
- 시나몬 $\frac{1}{4}$작은술
- 소금 약간

드레싱
- 발사믹 식초 30ml
- 올리브유 30ml
- 메이플시럽 1작은술
- 머스터드 $\frac{1}{2}$작은술
- 소금 $\frac{1}{4}$작은술

1 냄비에 물을 가득 채우고 식초를 넣는다. 비트를 껍질째 넣어 꼬챙이가 부드럽게 들어갈 때까지 30분 정도 익힌다.

2 프라이팬에 메이플 견과류 재료를 넣고 메이플시럽이 물엿처럼 끈적해질 때까지 타지 않도록 섞으면서 약불로 8분 정도 볶는다. 유산지 위에 겹치지 않도록 펼쳐 식힌다.

3 비트가 다 익으면 흐르는 물에 씻어 식히고 물기를 제거한다. 껍질을 벗기고 빗 모양으로 썬다.

4 드레싱 재료를 고루 섞는다.

5 샐러드 볼에 어린잎 채소와 비트를 담고 드레싱과 버무린다. 허브 셰브르와 메이플 견과류를 적당량 장식한다.

• 비트를 도마 위에 바로 올리면 도마에 빨갛게 물이 들기 때문에 유산지 등을 깐다. 색이 묻은 조리 기구는 바로 씻는다. 일회용 장갑을 끼면 손에 물이 드는 걸 막을 수 있다.

선명한 색의 비트와 새하얀 허브
셰브르의 대비가 돋보여요. 미국
에서도 인기 있는 샐러드랍니다.

recipe for

CHEESE

견과류로 만드는
모차렐라

보관 기간 : 냉장실에서 1주일까지

글루텐 프리 비건

카프레제 샐러드(120쪽)나
샌드위치에 잘 어울리는
쫄깃쫄깃 큼지막한 모차렐라.

2

4

5

recipe for

CHEESE

모차렐라

재료 [약 420g]

발효

생 아몬드 80g
생 캐슈너트 80g
현미 리쥬베락(98쪽) 200ml

양념

무향 코코넛 오일 1큰술(뜨거운 물로 녹인다.)
소금 $\frac{1}{4}$작은술

한천젤

물 200ml
한천 가루 1큰술

1 발효 재료를 20~21쪽의 step1~step6 과정대로 발효한다. 발효시간은 약 12시간.

2 발효한 치즈베이스를 볼에 옮겨 담고 양념 재료를 더해 고루 섞는다. 틀로 사용할 오목한 그릇은 물을 묻혀둔다.

3 작은 냄비에 한천젤 재료를 넣고 약불로 저어주면서 데우고 2분간 끓인다.

4 한천젤을 **2**에 넣고 매끄럽게 섞일 때까지 재빨리 섞어준다. 지체하면 한천이 점점 굳는다.

5 오목한 그릇에 **4**를 넣어 표면을 재빨리 다듬고 30분~1시간 정도 냉장실에서 차게 굳힌다.

6 모차렐라가 굳으면 그릇의 가장자리에 칼을 넣고 살살 돌려가며 떼어낸다. 보관 용기에 넣거나 랩에 감싸 냉장실에 보관한다.

- 카프레제 샐러드(120쪽)처럼 모차렐라 슬라이스를 예쁜 원형으로 만들고 싶다면 오목한 그릇이 아니라 물 묻힌 넓적한 사각형 그릇에 넣고 7~8mm 두께로 펼친다. 냉장실에서 차게 굳히고 세르클 등을 사용해서 찍어낸다.

카프레제 샐러드

사용한 치즈 모차렐라, 모차렐라 소금 두부 글루텐 프리 비건

재료 [4인분]

토마토 3개
모차렐라(116쪽) 또는 모차렐라 소금 두부 (24쪽) 레시피 1개 분량
바질 잎 적당량
올리브유 적당량
소금, 굵게 간 흑후추 약간

1 토마토와 모차렐라를 7~8mm 두께로 슬라이스한다.

2 접시에 토마토, 모차렐라, 바질을 번갈아가며 담는다.

3 먹기 직전에 소금, 굵게 간 흑후추를 뿌리고 올리브유를 듬뿍 두른다.

- 원형으로 찍어낸 모차렐라(119쪽 참조)를 사용할 경우는 슬라이스하지 말고 그대로 사용한다.

세련된 이탈리아식 샐러드인 카프레제는 토마토, 모차렐라, 바질만 들어가는 심플한 샐러드입니다. 파티 전채 요리나 안주로 추천합니다.

recipe for

CHEESE

견과류로 만드는

프로세스 치즈

보관 기간 : 냉장실에서 1주일까지 글루텐 프리 비건

재료 [약 200g]

발효

- 생 아몬드 50g
- 생 캐슈너트 50g
- 현미 리쥬베락(98쪽) 120ml

양념

- 무향 코코넛 오일 1큰술(뜨거운 물로 녹인다.)
- 뉴트리셔널 이스트 $\frac{1}{2}$작은술
- 레몬즙 1과 $\frac{1}{2}$작은술
- 소금 $\frac{1}{2}$작은술

한천젤

- 물 100ml
- 한천 가루 2작은술

1 발효 재료를 20~21쪽의 step1~step6 과정대로 발효한다. 발효시간은 하루.

2 발효한 치즈베이스를 볼에 옮겨 담고 양념 재료를 더해 고루 섞는다.

3 작은 냄비에 한천젤 재료를 넣어 약불로 저어주면서 데우고 2분간 끓인다.

4 3에 2를 넣고 매끄럽게 섞일 때까지 거품기로 저으면서 1~2분간 데운다. 미리 물을 묻혀둔 틀에 넣고 냉장실에서 30분~1시간 정도 차게 굳힌다.

5 치즈가 굳으면 틀에서 꺼낸 후 뒤집은 상태에서 썰어 냉장실에 보관한다.

- 바닥이 분리되는 작은 케이크 틀을 사용하면 편리하다.
5에서 굳은 치즈를 꺼내기 전에 울퉁불퉁한 표면을 잘라내면 거꾸로 뒤집었을 때 평평하게 둘 수 있다.

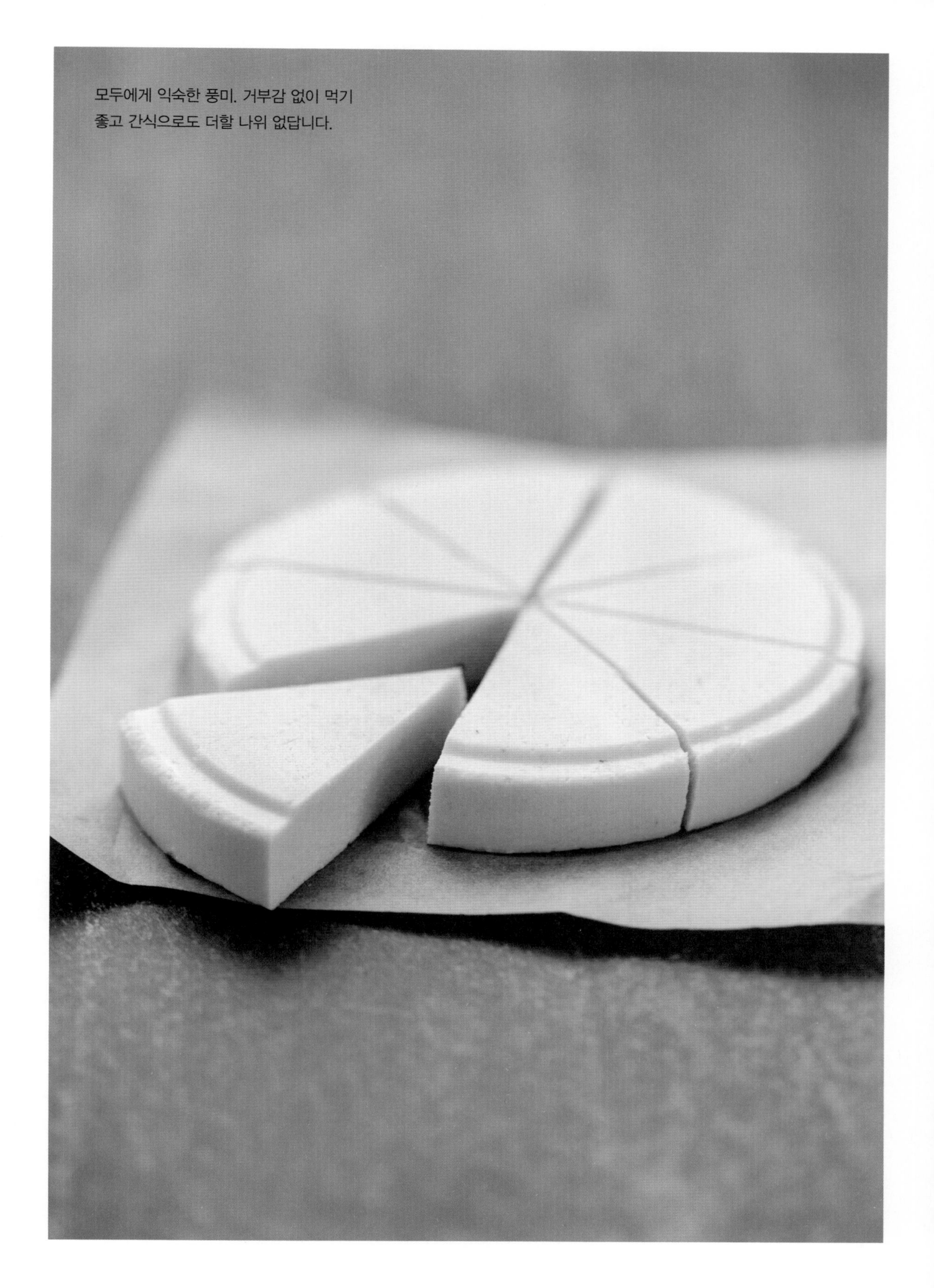

모두에게 익숙한 풍미. 거부감 없이 먹기
좋고 간식으로도 더할 나위 없답니다.

recipe for

CHEESE

견과류로 만드는

체더치즈

보관 기간 : 냉장실에서 1주일까지 **글루텐 프리** **로푸드** **비건**

재료 [약 240g]

발효

- 생 아몬드 50g
- 생 캐슈너트 50g
- 정수 또는 미네랄워터 100ml
- 사워크라우트(100쪽) 브라인 2큰술

양념

- 무향 코코넛 오일 3큰술(뜨거운 물로 녹인다.)
- 뉴트리셔널 이스트 1큰술
- 백된장 1큰술
- 한천 가루 2작은술
- 참깨 페이스트 $\frac{1}{4}$작은술
- 강황 가루 $\frac{1}{4}$작은술
- 파프리카 가루 $\frac{1}{4}$작은술
- 고춧가루 한 꼬집

1 발효 재료를 20~21쪽의 step1~step6 과정대로 발효한다. 발효시간은 하루.

2 발효한 치즈베이스를 볼에 옮겨 담고 냉장실에서 2시간 식힌 후 양념 재료를 더해 잘 섞는다.

3 원하는 틀에 넣고 랩을 씌워 냉장실에서 하룻밤 차게 굳힌다.

4 치즈가 굳으면 틀에서 꺼내고 냉장실에 보관한다. 실온에 오래 놔두면 물렁해지므로 먹기 직전에 냉장실에서 꺼낸다.

- 세르클을 추천한다.(유산지 위에 올려 사용한다.) 보관 용기에 랩을 깔아 틀로 사용해도 된다.
스모크 치즈로 만들고 싶다면 양념에 스모크 리퀴드(106쪽 참조)를 $\frac{1}{4}$작은술 더한다.

파티의 치즈 플레이트에서 빠질 수 없는 체더치즈.
크래커와 함께 간식으로 꼭 드셔보세요.

recipe for

CHEESE

견과류로 만드는

파래 치즈

보관 기간 : 냉장실에서 1주일까지 글루텐 프리 로푸드 비건

재료 [약 200g]

발효

생 아몬드 50g

생 캐슈너트 50g

다시마 육수 120ml(정수 또는 미네랄워터 120ml에 다시마 2g을 넣고 하룻밤 냉침한다. 물로 대체 가능)

소금누룩(96쪽) 1큰술

양념

무향 코코넛 오일 2와 $\frac{1}{2}$큰술(뜨거운 물로 녹인다.)

참기름 1큰술

파래 2작은술

뉴트리셔널 이스트 1작은술

레몬즙 $\frac{1}{4}$작은술

소금 적당량

파래 약 $\frac{1}{4}$컵 정도

1 발효 재료를 20~21쪽의 step1~step6 과정대로 발효한다. 발효시간은 약 12시간에서 1일.

2 발효한 치즈베이스를 볼에 옮겨 담고 양념 재료를 더해 잘 섞는다.

3 원하는 틀에 넣고 랩을 씌워 냉장실에서 하룻밤 차게 굳힌다.

4 치즈가 굳으면 틀에서 꺼내고 파래를 치즈 표면에 묻혀 코팅한다. 보관 용기에 넣고 냉장실에 보관한다. 실온에 오래 놔두면 물렁해지므로 먹기 직전에 냉장실에서 꺼낸다.

• 보관 용기에 랩을 깔아 틀로 사용할 수 있다.

파래로 코팅한 동양풍 치즈. 바다 내음
과 참기름의 풍미가 싱그러운 치즈예요.

recipe for

CHEESE

견과류로 만드는

오렌지 · 핑크 페퍼 치즈

보관 기간 : 냉장실에서 1주일까지 **글루텐 프리** **로푸드** **비건**

재료 [약 200g]

발효

생 아몬드 50g
생 캐슈너트 50g
정수 또는 미네랄워터 100ml
사워크라우트(적양배추, 100쪽) 브라인 2큰술

양념

무향 코코넛 오일 3큰술(뜨거운 물로 녹인다.)
오렌지 제스트 1과 $\frac{1}{2}$작은술
오렌지 과즙 3큰술
핑크 페퍼 $\frac{1}{2}$큰술
뉴트리셔널 이스트 1작은술
한천 가루 1큰술
메이플시럽 1작은술
바닐라 익스트랙 $\frac{1}{2}$작은술
소금 $\frac{1}{2}$작은술
백후추 약간

마무리

핑크 페퍼 1과 $\frac{1}{2}$큰술 정도(치즈 모양과 크기에 따라 조절한다.)

1 발효 재료를 20~21쪽의 step1~step6 과정대로 발효한다. 발효시간은 약 12시간에서 1일.

2 발효한 내용물을 푸드 프로세서에 옮겨 담고 양념 재료를 더해 균일하게 섞일 때까지 간다.

3 원하는 틀에 넣고 핑크 페퍼를 윗면에 얹어 가볍게 누른 후 냉장실에서 하룻밤 차게 굳힌다.

4 치즈가 굳으면 틀에서 꺼내고 보관 용기에 넣어 냉장실에 보관한다. 실온에 오래 놔두면 물렁해지므로 먹기 직전에 냉장실에서 꺼낸다.

- 보관 용기에 랩을 깔아 틀로 사용할 수 있다.

오렌지는 상큼함을, 핑크 페퍼는 귀여운 비주얼과 매운맛을 담당해요. 알싸한 향이 매력적인 치즈랍니다.

recipe for

CHEESE

견과류로 만드는

건과일 치즈

보관 기간 : 냉장실에서 1주일까지 **글루텐 프리** **로푸드** **비건**

재료 [약 220g]

발효

생 아몬드 50g
생 캐슈너트 50g
정수 또는 미네랄워터 120ml
소금누룩(96쪽, 사워크라우트 100쪽 브라인 2큰술로 대체 가능) 1큰술

양념

무향 코코넛 오일 3큰술(뜨거운 물로 녹인다.)
좋아하는 건과일 믹스 50g(크기가 큰 것은 적당한 크기로 자른다.)
호두 20g (큼직하게 썬다.)
레몬 제스트(레몬 1개 분량)
레몬즙 1작은술
소금 적당량

1 발효 재료를 20~21쪽의 step1~step6 과정대로 발효한다. 발효시간은 약 12시간에서 1일.

2 발효한 내용물을 볼에 옮겨 담고 무향 코코넛 오일, 레몬 제스트, 레몬즙, 소금을 넣어 고루 섞은 후 건과일과 호두를 넣어 다시 잘 섞는다.

3 원하는 틀에 넣고 치즈 표면에 랩을 밀착한 후 냉장실에서 하룻밤 차게 굳힌다.

4 치즈가 굳으면 틀에서 꺼내고 보관 용기에 넣어 냉장실에 보관한다. 실온에 오래 놔두면 물렁해지므로 먹기 직전에 냉장실에서 꺼낸다.

- 보관 용기에 랩을 깔아 틀로 사용할 수 있다.

건과일의 단맛과 치즈의 산미
가 잘 어우러져 마치 치즈케이
크 같은, 디저트 치즈입니다.

SEASIDE

비건 재료

비건 재료란, 동물성 재료를 사용하지 않고
식물성 재료만 사용해서 만든 재료를 말합니다.
일상 속에서 자주 사용하는 우유나 버터,
요거트, 마요네즈와 같은 우유·달걀 성분의
대체품을 직접 만들 수 있어요.

DAIRY ALTERNATIVE

견과류로 만드는

아몬드 밀크

보관 기간 : 냉장실에서 3일까지 글루텐 프리 로푸드 비건

대체 유제품

견과류 우유는 일반 우유의 대체품으로 사용할 수 있는
식물성 우유입니다. 기본 비율은 견과류나 씨가 1이면 물은 3.
이 1:3 비율만 기억해두면 다른 원하는 견과류나 씨로 응용할 수 있어요.

재료 [약 3컵 분량]

생 아몬드 1컵

물 3컵

1 아몬드를 하룻밤 물에 불리고, 체에 담아 물로 씻는다.

2 믹서에 모든 재료를 넣어 매끄러워질 때까지 곱게 간다.

3 볼 위에 체를 얹는다. 체 위에 너트밀크 백(또는 거즈나 면 행주)을 얹고 **2**를 부어 넣은 후 꼭 짜서 우유를 거른다.

- **1**에서 물에 불릴 시간이 없으면, 15분간 삶아서 체에 담아 찬물로 씻는다. (이 경우는 로푸드가 아니다.)
  너트밀크 백은 견과류 우유를 만들 때 쓰는 그물망 구조의 나일론 거름망이다.
  취향에 따라 감미료나 바닐라 익스트랙을 더해도 된다.
  아몬드 밀크를 짜고 남은 건더기는 베지 피자(54쪽)에서 활용할 수 있다. 냉장실에서 3일까지, 냉동실에서 한 달까지 보관 가능하다.

견과류로 만드는

캐슈 생크림

보관 기간 : 냉장실에서 3일까지 글루텐 프리 로푸드 비건

대체 유제품

캐슈너트와 물을 갈기만 하면 간단하게 크리미한 비건 생크림이 완성!
요리에 활용하거나, 커피에 넣어 마셔도 맛있어요.

재료 [약 2컵 분량]

생 캐슈너트 1컵
물 2컵

1 캐슈너트를 2~4시간 물에 불리고, 체에 담아 물로 씻는다.

2 믹서에 모든 재료를 넣어 매끄러워질 때까지 곱게 간다.

3 볼 위에 체를 얹는다. 체 위에 너트밀크 백(또는 거즈나 면 행주)을 얹고 **2**를 부어 넣은 후 꼭 짜서 생크림을 거른다.

- **1**에서 물에 불릴 시간이 없으면, 15분간 삶아서 체에 담아 찬물로 씻는다. (이 경우는 로푸드가 아니다.) 캐슈너트와 물의 비율은 1:2. 캐슈너트 생크림은 휘핑할 수 없다. 휘핑크림은 코코넛 휘핑크림(148쪽)을 참조.

식물성 오일로 만드는

버터

보관 기간 : 냉장실에서 2주일까지 글루텐 프리 비건

대체 유제품

믹서로 갈기만 하면 되는 수제 식물성 버터.
버터 대신 빵에 바르거나 요리에 써보세요.
부드러운 질감이라 빵에 편하게 바를 수 있어요.

재료 [만들기 쉬운 분량]

A | 무첨가 두유 100ml
사과 식초 1작은술

B | 병아리콩 삶은 물 2작은술(선택)
뉴트리셔널 이스트 1작은술
강황 한 꼬집
소금 $\frac{1}{4}$작은술

무향 코코넛 오일 100ml(뜨거운 물로 녹인다.)
올리브유 100ml

1 A를 고루 섞는다. 두유가 분리될 때까지 5분간 그대로 둔다.

2 믹서에 1과 B를 넣어 곱게 간다.

3 믹서를 돌리면서 믹서 뚜껑 구멍으로 무향 코코넛 오일을 조금씩 넣어가며 전체적으로 유화시킨다.

4 3과 같은 방법으로 올리브유를 넣어 유화시킨다.

5 보관 용기에 넣고 냉장실에 보관한다. 만든 직후에는 크림 상태지만, 냉장실에서 몇 시간 차게 두면 굳는다.

● 병아리콩 삶은 물(아쿠아파바)은 달걀 대체품으로 인기 있는 비건 식재료다. 넣지 않으면 단단한 버터로 완성되는데, 냉장실에 보관하다 보면 분리될 수도 있지만 먹는 데는 문제없다.

두유로 만드는

마요네즈

보관 기간 : 냉장실에서 2주일까지 **글루텐 프리** **비건**

달걀 성분 대체재

믹서로 갈아서
뚝딱 완성되는 수제 두유 마요네즈.
단 5분 만에 첨가물 제로 식물성 마요네즈가 완성!

재료 [만들기 쉬운 분량]

A | 무첨가 두유 100ml
양조 식초 2큰술
아가베시럽 1큰술
겨자 또는 머스터드 $\frac{1}{2}$작은술

A | 히말라야 블랙솔트 또는
소금 $\frac{1}{2}$작은술

포도씨유 200ml

1 A를 믹서에 넣어 균일하게 섞일 때까지 곱게 간다.

2 믹서를 돌리면서 믹서 뚜껑 구멍으로 포도씨유를 조금씩 천천히 넣어가며 전체적으로 유화시킨다. 걸쭉한 마요네즈 질감이 되면 멈춘다.

3 보관 용기에 넣고 냉장실에 보관한다.

- 칼라 나마크로도 불리는 히말라야 블랙솔트는 유황이 포함된 흑암염이다. 삶은 달걀과 유사한 맛과 향이 나므로 비건 요리에서는 달걀 요리를 재현하는 레시피에 곧잘 사용된다.
  아가베시럽은 수수설탕으로 대체할 수 있다.

견과류로 만드는

사워크림 어니언딥

보관 기간 : 냉장실에서 3일까지 글루텐 프리 비건

디핑 소스

감자튀김, 포테이토칩과 절묘한 조화를 만끽할 수 있는
사워크림 어니언딥. 집에서도 파티용 디핑 소스를 즐길 수 있어요!

재료 [4인분]

양파 240g (잘게 썬다.)
올리브유 $\frac{1}{2}$큰술

A
- 생 캐슈너트 160g
- 물 100ml
- 레몬즙 1큰술+2작은술
- 사과 식초 $\frac{3}{4}$작은술
- 메이플시럽 $\frac{1}{2}$작은술
- 마늘 가루 $\frac{1}{2}$작은술
- 소금 $\frac{3}{4}$작은술
- 백후추 약간

골파 약간 (송송 썬다.)

1 캐슈너트를 2~4시간 물에 불리고, 체에 담아 물로 씻는다.

2 약불로 달군 프라이팬에 올리브유를 두르고 양파가 갈색이 될 때까지 볶는다. 탈 것 같으면 소량의 물(분량 외)을 몇 번에 걸쳐 나눠 넣는다. 양파가 갈색이 되면 한 김 식힌다.

3 A를 믹서에 넣어 균일하게 될 때까지 곱게 간다.

4 **3**을 볼에 옮겨 담고 **2**를 더해 잘 섞는다. 밀폐 용기에 넣어 냉장실에서 1시간 차게 식힌다.

5 그릇에 담고 골파를 뿌려 장식한다.

- **1**에서 물에 불릴 시간이 없으면, 15분간 삶아서 체에 담아 찬물로 씻는다.

두유로 만드는

두유 요거트

보관 기간 : 냉장실에서 1주일까지 **글루텐 프리** **비건**

대체 유제품

두유 요거트를 집에서.
현미 리쥬베락이 있으면,
두유와 섞어 발효만 시키면 끝!

재료 [약 1L 분량]

무첨가 두유 1L(실온에 꺼내둔다.)

현미 리쥬베락(98쪽) 2큰술

1 모든 재료를 소독한 유리병에 넣고 섞는다.

2 키친타월로 병 입구를 막고 고무줄로 고정한다. 직사광선이 닿지 않는 장소에 두고 상온에서 약 12시간~1일 동안 발효한다.(여름철은 약 12시간, 겨울철은 1~2일)

3 병을 흔들었을 때 두유가 요거트처럼 굳어있으면 완성. 제대로 발효되었다면 맛에 요거트처럼 상큼한 산미가 감돈다. 만약 이상한 냄새가 나거나, 표면이 핑크색이거나 맛이 이상하면 버리고 **1**부터 다시 만든다.

4 키친타월을 제거하고 뚜껑을 덮어 밀폐한 상태로 냉장실에 보관한다.

- 과발효하면 사진처럼 분리된다. 과발효해도 상관없지만 산미가 강해진다. 묽을 경우는 분리된 액체, 유장(사진에서 분리된 아이보리색 액체)을 거즈나 커피 필터를 사용해 거른 뒤 냉장실에 보관한다.

코코넛 밀크로 만드는

코코넛 휘핑크림

보관 기간 : 냉장실에서 1주일까지 글루텐 프리 비건

대체 유제품

하룻밤 냉장실에 넣어 차게 만든 코코넛 밀크나 코코넛 크림을
휘핑하기만 하면 농후하고 크리미한 휘핑크림으로 뚝딱 변신!

재료 [약 200~250g 분량]

코코넛 밀크(저지방이 아닌 전지방으로) 1캔(400ml)
한천 가루 $\frac{1}{2}$작은술(필요하면)

A | 수수설탕 2~3큰술
바닐라 익스트랙 $\frac{1}{2}$작은술

1 코코넛 밀크를 캔째 냉장실에 넣고 하룻밤 차게 식혀 지방분을 분리한다. 사용할 볼을 냉장실에 15분 정도 넣어둔다.

2 캔을 조심스럽게 냉장고에서 꺼낸다. 캔을 위아래로 한 번 뒤집은 후 뚜껑을 따서, 분리된 물을 따른다. 덩어리진 하얀 지방분을 스푼으로 건져내고 미리 차갑게 식힌 볼에 넣어 핸드 믹서로 휘핑한다.

3 농도가 60% 정도로 되면 A를 넣고, 뿔이 서는 상태가 될 때까지 휘핑한다. 질감이 촘촘해지면 한천 가루를 넣어 섞는다.[생크림을 휘핑할 때는 거품기를 들어 올려 농도를 확인한다. 60%는 거품기를 들어 올려도 뿔이 서지 않는 부드러운 상태이니 이를 기준으로 삼으면 된다.]

4 사용하기 전까지 밀폐 용기에 넣어 냉장실에 보관한다. 차가워지면 조금 굳으므로, 부드러워질 때까지 휘핑한 후 사용한다.

- 코코넛 밀크는 종류에 따라 휘핑이 잘 안 되는 것도 있기 때문에 한 캔 정도 더 냉장실에 넣어두면 좋다. 추천하는 제품은 치브기스(CIVGIS)와 타이키친(Thai Kitchen). 코코넛 밀크보다 농후한 코코넛 크림(전지방인 것)을 써도 된다.

vegan TOPPING

두부 스크램블드에그

글루텐 프리 · 비건

부침·찌개용 두부로 스크램블드에그를 만들 수 있어요.
유황이 포함된 블랙솔트를 사용하면 깜짝 놀랄 만큼
달걀과 꼭 닮은 풍미로 완성된답니다!
두부 스크램블드에그와 마요네즈(142쪽)를
사용해서 베지 달걀 샌드위치를 만들어도 맛있어요.

재료 [4인분]

부침/찌개용 두부 400g(물기를 빼둔다. 17쪽 참조)
올리브유 1큰술

A
뉴트리셔널 이스트 1큰술
강황 가루 한 꼬집
고춧가루 한 꼬집
히말라야 블랙솔트 또는 소금 $\frac{1}{2}$작은술보다 적게
후추 약간

토핑
좋아하는 허브 약간

1 스크램블드에그의 질감이 되도록 두부를 손으로 으깬다.
2 중불에서 올리브유를 둘러 프라이팬을 달군 후 두부를 넣고 볶아 물기를 날린다.
3 A를 넣어 간을 맞추고, 몇 분 더 볶는다.
4 취향에 따라 잘게 썬 허브를 뿌린다.

- 두부를 볶기 전에 양파, 토마토, 파프리카, 시금치 등 좋아하는 채소를 먼저 볶고 채소가 들어간 두부 스크램블드에그로 만들어도 된다. 마무리로 아보카도 슬라이스를 얹으면 순식간에 LA스타일로 완성.

vegan TOPPING

코코넛 베이컨

보관 기간 : 상온에서 한 달까지 **비건**

동물성 식품을 사용하지 않는 바삭바삭 베지 베이컨.
마카로니 치즈(86쪽)나 카르보나라(76쪽),
콜리플라워 치즈 포타주(62쪽)에
토핑하는 등 두루두루 쓸모가 많아요.

재료 [100g 분량]

코코넛칩 100g(무염, 무가당, 볶지 않은 것)

양념

- 간장 3큰술(글루텐 프리로 만들고 싶을 경우는 글루텐 프리 간장)
- 메이플시럽 1작은술
- 스모크 리퀴드 $\frac{1}{2}$작은술
- 후추 약간

- 오븐에 따라 온도와 굽는 시간을 조절한다.
  스모크 리퀴드는 번거로운 훈제를 하지 않고도 간편하게 스모크 풍미를 즐길 수 있는 편리한 조미료다. 스모크 리퀴드에 따라 스모크 맛의 강도가 다르므로 취향에 따라 조절한다. 추천 제품은 스모크 키친(SMOKE KITCHEN)과 라이트(Wright's).(106쪽 참조)

1. 오븐을 120℃로 예열한다. 볼에 코코넛칩을 담고 양념을 두르면서 가볍게 몇 번 섞는다.
2. 몇 분 그대로 두고, 코코넛칩이 양념을 흡수한 후에 다시 섞는다.
3. 오븐 팬에 유산지를 깔고 **2**를 얇게 펼친다.
4. 오븐에서 약 40~50분 굽는다. 타지 않도록 5분마다 섞어준다. 쉽게 타므로 자주 구움색을 확인한다.
5. 노릇하게 구움색이 나면 오븐에서 꺼낸다. 꺼낸 직후 부드럽더라도 한 김 식으면 딱딱해진다. 한 김 식어도 부드러울 경우는 5~10분 더 굽는다.
6. 완전히 식힌 후 보관 용기에 옮겨 담고 상온 보관한다.

에필로그

비건 치즈,
여전히 설레는 선택지

할리우드에서 메이크업 아티스트로서 활동하고 싶다는 일념으로 홀로 미국으로 건너가, 로스앤젤레스 메이크업 학교에 들어갔을 때 처음으로 비건인 분을 만났습니다. 당시 베지테리언은 많아도 비건은 흔치 않아서 그녀와 대화를 나누며 "대단하세요! 저는 비건에 관심은 있지만 아마 절대 못 할 거예요. 치즈를 빼다니, 생각도 하기 싫거든요!" 하고 단언했던 순간을 지금도 기억하고 있습니다. 영어로 "Never say never." '절대라고 절대 단언하지 말자'라는 의미의 말이 있는데, 정말 딱 그 표현대로 되고 말았지요. 후에 비건, 식물식, 로푸드의 세계로 입문하게 되어 이번에는 저 자신이 그런 말을 듣는 입장으로 바뀌었으니까요.

그때의 제가 있었기에, 처음 먹어보는 사람도 "이거 그냥 치즈인데요? 정말 유제품을 사용하지 않았나요?" 하고 놀라는 비건 치즈를 만들기 위해서 매일 연구하고 있습니다. 독자 여러분이 홈메이드 비건 치즈를 즐기는 데 이 책이 조금이라도 도움이 된다면 더할 나위 없이 기쁠 거예요.

mariko

ORGANIC
CROSS
ON
WALK
ONLY

옮긴이 임지인

일본 동경외국어대학원에서 언어문화 일본근대문학을 전공했다. 현재 엔터스코리아 출판 기획가, 일본어 전문 번역가로 활동 중이다. 옮긴 책으로는《홈·브런치》《파스타 다이어트》《프랑스 전통 과자 백과사전》《오늘은 아무래도 케이크》《치즈 구움과자》《오븐 없이 프라이팬으로 만드는 뜯어먹는 빵》《딱 한잔하려고 했을 뿐인데》《쿠마오리 준 일러스트레이션 메이킹&비주얼 북》이 있다.

비건 치즈
유제품을 사용하지 않는

1판 1쇄 펴낸 날 2020년 12월 10일
1판 2쇄 펴낸 날 2022년 7월 15일

지은이 mariko
옮긴이 임지인

펴낸이 박윤태
펴낸곳 보누스
등 록 2001년 8월 17일 제313-2002-179호
주 소 서울시 마포구 동교로12안길 31 보누스 4층
전 화 02-333-3114
팩 스 02-3143-3254
이메일 bonus@bonusbook.co.kr

ISBN 978-89-6494-474-5 13590

• 이 책은 아모레퍼시픽의 아리따글꼴을 사용하여 디자인되었습니다.

• 책값은 뒤표지에 있습니다.